JN044086

Climate Change and Society
A Primer on Global Warming Issues

気候変動と社会

基礎から学ぶ
地球温暖化問題

東京大学 気候と社会連携研究機構［編］

東京大学出版会

Climate Change and Society
A Primer on Global Warming Issues

UTokyo Center for Climate Solutions, editor

University of Tokyo Press, 2024
ISBN 978-4-13-062732-0

はじめに——「気候変動と社会」を学ぶ意義と本書の意図

　私たちの目の前にはどのような未来が待ち受けているのか．それに対して私たちはどのような未来を希求し，その実現には克服すべきどのような課題が横たわっており，今，私たちは何をなすべきなのか．

　誰もが納得する自明な答えも単純な正解もないだろう．しかし，本書『気候変動と社会——基礎から学ぶ地球温暖化問題』を学べば，こうした問いに対してさまざまな視点から深く洞察できる知的基礎体力を身に付けられる．それは，ここでいう「気候」は，地球表層に生きる私たち人間を含む生態系を取り巻く自然環境の象徴であり，「社会」は私たちが一定の規範や合意の下でさまざまな文化を育みつつ行動を選択し共同生活しているあり様全体を指しているからである．「気候変動と社会」を学ぶとは，私たちを取り巻く地球環境とそこで暮らす私たち自身とをあわせた総体を俯瞰的に学ぶことに他ならない．

　気候はこれまでも変化してきたし（1.5 節，3.4 節），これからも変化する（3.5 節）．なぜそれが社会問題になるかというと，産業革命以降に人類が化石燃料を大量に燃焼した結果，大気中の二酸化炭素（CO_2）濃度が増大し，過去の自然の変動に比べて急激な全球平均気温（地表面付近の気温を海陸全域にわたって面積の重みつきで平均した値）の上昇が生じて気候に変化をもたらしているからである．ちなみに，英語では Climate Change なので，人間活動に起因した地球温暖化に伴う「気候変化」と厳密には呼ぶべきかもしれないが，日本では慣例的に「気候変動」と呼ばれている．著者によっては強いこだわりがあるため，本書では，各章や各節により両方の記述が混在している（コラム 1.1 参照）．

気候変動の影響

　産業革命以前に比べた全球平均気温の上昇量が人為的な気候変動の進捗具

合の代表的な指標として用いられる．地球温暖化と呼ばれるくらいなので気温の上昇に注目されがちであるが，気候変動に伴って大気循環そのものや水の循環も変化し，たとえば日本付近では梅雨の時期や豪雨の頻度，台風の発生数や経路も変化する．また，気温の上昇は山岳氷河・氷床の融解や海水の熱膨張などによって海水面の上昇をもたらすし，さらに，大気中の CO_2 濃度の増加は海洋に溶存する CO_2 濃度も増加させ，海洋酸性化を招いてサンゴや貝類・甲殻類など炭酸カルシウムで殻を作る生物に深刻な影響をもたらす．

　人類もさまざまな生態系も，地球表層のきわめて多様な環境に順応して生息している．それぞれの土地のこれまでの気温や雨や雪の季節変化に応じて住居を準備し，農業を営む仕組みが構築されてきたところ，気候変動が進行すると，環境の変化に応じてこれまでのやり方を変えなければならなくなる．全球平均気温は産業革命以前に比べて 2024 年時点ですでに 1.2℃ 程度上昇しているが，もしこうした変化が百年あまりの短い間ではなく，千年あるいは 1 万年かけて生じるとしたら，人間社会も生態系も変わりゆく気候に自律的に順応し深刻な影響は検知されないだろう．すなわち，年平均気温が何度になるかという絶対値ではなく，変化の速度が問題なのである．

　さらには，急激な気候変動に順応して農業のやり方を変えたり，空調を整えたり，風水害への備えを充実させたりできるかどうかといった適応能力には，先進国と途上国との間で大きな格差がある．そのため，気温や降水量といったハザード（災害外力）の変化が同程度であっても，食料生産や健康被害，風水害の生じ方は受け手側社会の強靭性次第で大きく異なってしまう．そのため，気候変動による将来の悪影響を推計するには，世界各国・各地域がどの程度発展し強靭性が増すのかというシナリオの想定が不可欠であり，その理解には自ずと人文社会科学的な素養も身に付けている必要がある．

本書で理解したい問い

　なぜ気候変動対策を進める必要があるのだろうか．本書では「気候変動が進むに連れて悪影響が増大するのは明白だから，気候変動の進行を阻止するためにできることは何でもやらねばならない」といったふうに天下り的に論

じるのではなく，1章コラム 1.2「気候変動問題のフレーミング」で紹介されているような多様な視点を提供したい．

そして，本書で学んでいただければ，次のような問いに的確に答えたり，自分自身の見解を述べたりできるようになっていただけるように構成した．

- 気候変動に代表される地球環境問題はなぜどのように国際的な主要課題になったのか？（1章）
- 気候や社会はこれまでどのように変わってきたのか？（1章）
- 地球の気候はどんな構成要素から成り立っているシステムなのか？（2章）
- なぜ気候は変化するのか？（3章）
- 近年地球は温暖化しているのか？（3章）
- 温暖化は大気中の CO_2 等の温室効果ガス（GHG: Greenhouse Gas）濃度増大のせいか？（3章）
- GHG の増大は人間活動の影響によるのか？（3章）
- 今後温暖化は進行するのか？（3章）
- 温暖化が進行すると，どんな悪影響が生じるのか？（4章）
- どんなに温暖化が進んでも適応すれば被害は軽減できるのか？（4章）
- 温暖化の進行を緩和できるのか？（5章，6章）
- なぜ温暖化対策は順調に進捗しないのか？（4章，5章，6章）
- そもそも温暖化して何がどう悪いのか？（4章，6章）
- 個人としてできる対策は何か，社会全体で対策を進めるにはどうすればよいのか？（6章，7章）

気候と社会連携研究機構

公正な社会の構築，健全な環境の保全，そして健やかな経済の発展は持続可能な開発の3側面であるが，気候変動対策と持続可能な開発との間には相乗効果もあればトレードオフもある．そうした地球環境と人間社会の相互連関の理解には，理学，工学，農学，医学などを含む自然科学や理系のいわゆる実学から，法学，経済学，哲学などを含む人文社会科学にいたる，広範な学術分野に関する知見が必要である．しかしながらこれらに関連する学術分野を体系的に広く網羅した教科書はこれまで存在していなかった．

東京大学に部局横断型の「気候と社会連携研究機構」が 2022 年 7 月に発足したのを契機とし，本書は基礎的な内容を体系的かつ平易に解説する大学初学者向けの教科書として企画された．気候変動対策や生物多様性の保全と持続可能な開発との一体性に鑑み，健康維持や食料・エネルギー・水の安定供給，生態系など地球環境保全や持続可能な開発についても体系的に学べるようにし，最新の情報を盛り込むと同時に，要素間の結びつきや考え方の解説にも重点を置いた．気候変動に関する政府間パネル（IPCC: Intergovernmental Panel on Climate Change，コラム 1.3 参照）報告書が今後更新された際には自ら読んで理解できるようにも意図したが，単なる IPCC 報告書の解説にはならないように留意した．

　本書を手に取ってくださった方の中には，気候変動が心配で，少しでもその進行を阻止するための行動を広げたい，と思っている方も少なからずいるだろう．個人として今すぐ何ができるかに関しては 7 章をご覧いただきたい．

　また，私たちの消費や投票といった行動選択を通じて社会のあり方を変えたり，カーボンニュートラル（GHG の排出量と吸収量が均衡し，正味の排出量がゼロになる状態．負になる場合はカーボンネガティブと呼ばれる：コラム 5.1 参照）社会の実現へ向けた科学技術イノベーションや投資を推進したりするのも気候変動の悪影響を減らすには効果的である．とくに若い世代の皆さんには，個人としてできることから始めるだけではなく，ぜひ志を抱いて勉強し，キャリアを積み，社会全体を先導するような役割を担う人材になって活躍してほしい．

　本書で学んだ方々の中から，地球環境と人間社会の未来についての学術を牽引する次世代の研究者が輩出されれば，もちろん大変喜ばしい．しかし，広範な学術分野を必要に応じて学び，上手に統合し問題解決に活かせるような知的基礎体力をつけた優秀な人材として読者の皆さんが社会の各所で活躍し，それぞれの専門性を活かしつつ持続可能な開発の実現に貢献するようになる方が，社会全体としてはむしろ望ましい．

　俯瞰力と総合知を身に着けた人材になる訓練としても，本書『気候変動と社会』をぜひお役立ていただきたい．地球が歴史上最も人間で溢れかえる状況になりそうな 21 世紀を駆け抜ける今の若手世代に，地球環境と人間社会，

両者の相互連関を含んだ全体を俯瞰して本質を見抜く慧眼を開き，適切に自ら行動し，できればよりよい未来の構築を主導する力を身に着けてほしいと執筆陣一同願っている．

編集代表　沖 大幹

（東京大学 気候と社会連携研究機構 機構長）

目次

1 気候変動と社会

1.1 そもそもなぜ気候変動か

沖 大幹

　なぜ地球環境問題が取りざたされ，中でも地球温暖化が国際政治の主要課題として取り上げられ議論されるようになったのだろうか．たくさんの答えが考えられる．気候変動問題は自然災害リスクの増大を招くばかりではなく，公正な社会のあり方，健やかな経済成長，生物多様性の保全など幅広い分野に重大な波及効果をもたらす．さらに，私的所有による排他的な利用が難しい地球大気は，私たち人類や生態系にとって典型的なコモンズ（公共財）である（6.1 節参照）．そのため，大気の劣化（温室効果ガス（GHG）濃度の増大）は私たち全員に多かれ少なかれ悪影響をもたらす一方で，GHG の排出削減努力は私たち全員の便益につながる．

　各主体が自らの利益を最大化しようとして完膚なきまでにコモンズの資源が収奪されてしまう「コモンズの悲劇」を招かぬように，また，自分たちは何の行動も起こさず費用の負担もしないままに，他の国や企業などの GHG 排出削減努力による温暖化抑制の恩恵を受ける「フリーライダー」が生じないように，気候変動問題でもコモンズとしての大気中の GHG 濃度の適正な管理のため，以下に紹介するようにさまざまな主体がそれぞれの思惑を持ち，個々の取り組みの中で主流化され，気候変動対策は国際社会が解決を目指す優先課題の旗印になったのである．

大いなる脅威としての地球環境問題，地球温暖化

　1989 年の冷戦終結と 1991 年の旧ソ連の崩壊によって国際社会は相互の結びつきをさらに強め，国際投資や貿易，そして情報が世界中でやりとりされるグローバル化が進捗した．それと軌を一にして，1992 年に「環境と開発に関する国際会議」，通称「地球サミット」がブラジルのリオデジャネイロで開催され，地球環境問題が国際関係の中心議題に躍り出た．

　地球サミットでされた行動計画「アジェンダ 21」では地球環境問題として，オゾンホール，森林の減少や沙漠化，都市化，生物多様性の喪失，水資源の枯渇などが取り上げられているが，中でも，人為起源の地球温暖化に伴う気候変動が，人間社会や生態系に影響を及ぼす最重要課題の 1 つであった．以来 30 年あまりが経ち，その対策としてのカーボンニュートラル社会の実現が急激な社会変革を要求している．

　各国の利害が相反する国際社会で何らかの協調を導き出すためには，核戦争による人類滅亡といったような絶対的な危機が必要であり，冷戦終了でその危険性が下がったため，代わりに地球環境問題が台頭したという見方もある（米本，1994）．気候変動対策，とくに緩和策は各国が協調して GHG の排出削減に取り組まなければ実効性が薄いため，エネルギーシステムの改革のみならず，経済政策にまで他国の政策に干渉できる，貴重な機会だというわけである．

　また，図 1.1 のように，世界の森林面積は 20 世紀後半，ちょうど 1990 年頃に向けて減少速度が増しており，危機感が世界的に高まっていたのも地球環境問題に光があたった一因であった．

茅の恒等式

　茅陽一東京大学名誉教授によると，CO_2 の排出量は，

$$CO_2排出量 = 人口 \times \frac{GDP}{人口} \times \frac{エネルギー使用量}{GDP} \times \frac{CO_2排出量}{エネルギー使用量} \quad (1.1)$$

という恒等式で表現できる．ちなみに，気候変動に関する政府間パネルの第 1 次評価報告書（1990 年）執筆準備に向けた国際的な議論の中で茅先生がこの式を考案して示した際，「当り前じゃないか」「お前は普段こんな研究をし

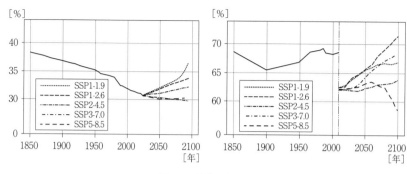

図 1.1　森林面積割合

　世界（左）と日本（右）の森林面積割合［％］の 1850-2100 年にいたる推移．世界の 2025 年以降，日本の 2010 年以降は推計値．世界について，1960 年以前のデータは各年の森林面積を 1961 年の土地面積で割って算定した．また，2025 年以後のデータは各年の森林面積推計値を 2021 年の土地面積で割って算定している．日本について，2010 年からデータの出所が異なるため，その前後で値が大きく変化している．値の違いを明確にするため，鉛直方向に二点鎖線を示している．（FAO, 2023; 氷見山，2006; Ramankutty & Foley, 1999; Daigneault *et al.*, 2022; 農林水産省，2024; Fujimori *et al.*, 2018）

ているのか」というそしりを受けたという．しかし，この「茅の恒等式」は CO_2 排出量の削減を考える枠組みとして現在でも積極的に利用されている．現在では右辺の「エネルギー使用量／GDP」にはエネルギー強度，「CO_2 排出量／エネルギー使用量」には炭素強度という名前もつけられて，それらの低減がエネルギー施策の指標として国際的に用いられている．エネルギー強度の削減が省エネルギー（5.3 節），炭素強度の削減が再生可能エネルギー（あるいは新エネルギー）への転換（5.2 節）に相当し，こうした GHG 排出削減によって気候変動の進行を遅らせようとする対策を緩和策と呼ぶ．また，一度排出された CO_2 を大気中から除去する手法を CO_2 除去（CDR: Carbon Dioxide Removal）と呼び，これも緩和策に分類される（5.5 節）．一方，大気中の GHG の濃度増加が地球温暖化に結びつかないようにする対策の例が太陽放射改変（5 章コラム 5.3）である．

　また，気温上昇による健康被害軽減のために空調を用いる，作物の植えつけや収穫時期をずらしたり植える品種や作物の種類を変えたりする，河川洪水や高潮対策の堤防を作る，暴風雨や山火事の早期警戒警報を提供するといった対応で気候変動の被害を軽減しようとするのが適応策（4 章）である．

気候変動のため，という動機づけに新規性はあるものの，従来の防災や持続可能な開発と気候変動への適応とは現場での施策に大きな違いはない．また，ある程度気候変動が進んでしまうと適応の限界に直面するため，対症療法的な適応策ではなく根本原因を絶つ緩和策に注力すべきだという意見も根強い．しかし，いまだ 1 人あたりの GHG 排出量が少ない途上国では，緩和策を進める余地は少ないのに対して適応策はコミュニティの強靱化などを通じて持続可能な開発にも資するため，適応策への関心が高い．

　いずれにせよ，各国の CO_2 排出量についての議論，まして上限の設定は 1 人あたりの GDP（茅の恒等式の右辺の「GDP ／人口」）や人口といった各国施策の機微に関わり，内政干渉を嫌う通常の国際交渉では越えられない壁を突破できる可能性を秘めていることがわかる．気候変動問題は，エネルギー問題であるばかりではなく，人口問題や経済問題でもあるのだ．

　茅の恒等式のエネルギー強度や炭素強度の大幅な削減は難しいので，人口が減らないとすると 1 人あたりの GDP を増やさないようにするしか CO_2 排出量を減らす方策はないという悲観的な見方もある．しかし，たとえば，1990 年から 2021 年にかけて世界全体で GDP は 2.6 倍に増大したが，CO_2 排出量の増加は 1.6 倍に留まっており，経済成長の伸びほどには CO_2 排出量が増えていない．こうした現象はデカップリングと呼ばれる．このように経済発展が進むにつれて環境負荷が増大するものの，ある程度以上経済発展が進むと逆に減少に転じる様子は，環境クズネッツ曲線として知られる．カーボンニュートラル（5 章）に向け，さらなるエネルギー強度や炭素強度の低下，生産性の向上や再生可能エネルギーへの転換を推進するためには，科学技術イノベーションやその社会実装のための投資を支える経済成長も必要だろう．

　突き詰めて考えると，人口を減らすどころか，人類が滅亡すれば人為的な気候変動はなくなる，という極論もあり得る．実際，地球環境を収奪し破壊しつくそうとしているかのような人類は地球にとって害悪そのものなので除去すべきだ，という考えに基づく小説や映画もある．しかし，気候変動を抑制し地球環境を守るのは，人類が健康で文化的な生活を自己尊重感や自尊心を持って幸せに送れるようにするためである．人類がいなくなっては元も子もない．

コラム 1.1 「地球温暖化」/「気候変動」/「気候変化」　　　　江守正多

　「地球温暖化」（global warming）の文字通りの意味は，地球（とくに地表面付近）の平均気温が長期的に上昇することである．一方，「気候変動」（climate change）は気温が上がるだけでなく，降水パターンが変わったり，氷が減ったり，海面が上昇したりと，気候のさまざまな要素が変わることが強調されるという違いがある．しかし，社会問題としての地球温暖化（問題）と気候変動（問題）は，しばしば同じ意味で用いられる．どちらも人間活動が原因で地球の平均気温が上昇し，それに伴い気候のさまざまな要素が変化して人間社会や生態系に影響を及ぼすことまでを指すと考えてよいだろう．

　日本では「地球温暖化」がまず社会に広まったので，「気候変動」は最近使われるようになったという印象があるかもしれない．しかし，1990 年前後から，「気候変動に関する政府間パネル（IPCC: Intergovernmental Panel on Climate Change）」，「国連気候変動枠組条約（UNFCCC: United Nations Framework Convention on Climate Change）」といった用語の中に「気候変動」が使われてきた．

　これらの用語にみられるように英語の climate change は日本政府により「気候変動」と訳されてきたが，気候科学の専門家などの間では「気候変化」がより適切な訳だという見方が強い（ちなみに中国語では climate change の訳は「気候変化」である）．気温が上がったり下がったりするような「変動」と，気温が長期傾向として上がり続けるような一方向の「変化」を区別した場合，climate change が意味するのは「変化」の方であるためだ．本書ではこの区別をとくに意識することが重要となる 3 章においてのみ「気候変化」の用語を用いているので注意してほしい．

　なお，IPCC の最近の定義では，産業革命前からの全球平均気温の上昇量のことを global warming と呼ぶようになった．また，IPCC で climate change と呼ぶのは，人間活動を原因としない部分も含めた気候の変化である．IPCC では，観測された気候の変化がどの程度人間活動で説明できるか自体を評価の対象にするためだ．一方，UNFCCC の climate change は，人間活動を原因としない部分を含めない．人間活動によって生じる気候の変化に対処することが条約の目的だからだ．このように，地球温暖化も気候変動

も文脈によって微妙に意味が異なり得ることに注意が必要である.

　また，地球温暖化や気候変動では深刻さが伝わらないという理由から，英国のメディア等では global heating, climate crisis といった言葉も使われるようになった．後者は「気候危機」として日本でも比較的よく目にする．2023 年夏の記録的な暑さをアントニオ・グテーレス国連事務総長が「global boiling の時代が始まった」と評したが，これは今のところ用語というよりはグテーレス氏が個人的に用いたレトリックとみるべきだろう.

コラム 1.2　気候変動問題のフレーミング　　　　朝山慎一郎・杉山昌広

　気候変動は重大な課題だという共通認識が社会にあったとしても，それをどういう問題として捉えるかは人によってさまざまである．気候変動問題は非常に複雑で，地球物理学的な理解から政治的な対応策，さらには倫理的な省察にいたるまで多岐にわたる問いを含む．これらの問いすべてを包含することは難しく，気候変動問題のどういう側面を重視し，何をもって解決とするのかによって問題の捉え方は違ってくる．気候変動問題をめぐる論争の多くは，こうした問題の捉え方の相違に起因する（Hulme, 2009）.

　社会科学ではこうした問題の捉え方を「フレーミング」と呼ぶ．フレーミングは心理学や社会学でよく使われる概念で，その定義も分野によって異なるものの，広義にはフレーミング＝「枠（フレーム）のはめ方」によって問題の認知や理解が変わることを意味する．同じ事象をみていても，問題のフレーミングが違えば，その見え方は人によって異なるのだ.

　たとえば，パリ協定では全球平均気温の上昇を産業革命前と比べて 2℃ または 1.5℃ までに抑える目標が盛り込まれたが，なぜ 1.5・2℃ を目指すべきなのかの捉え方は一様ではない．1.5・2℃ 目標の捉え方として，ここでは「ティッピングポイント」「費用最適化」「不平等」の 3 つのフレーミングの違いについて考えてみたい（図 A）.

　まず，このまま温暖化が進むと西南極氷床の崩壊や北極圏の永久凍土の融解といった地球全体で甚大な被害を及ぼすリスク＝「ティッピングポイント」の懸念がある．ティッピングポイントとは，ある一定の条件や閾値を超えると物事が一気に変化する時点を指す．ティッピングポイントのリスクはいま

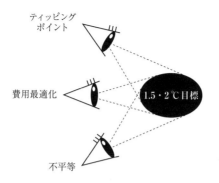

図A　1.5・2℃目標に関する3つのフレーミング

だに不確実性が大きく，自然科学的なメカニズムも十分に解明されていない．しかし，最新の研究によれば1.5℃を超えると一部のティッピングポイントが誘発される可能性があり，一度その閾値を超えてしまうと長期にわたって元の状態に戻すことができなくなる（Armstrong McKay *et al.*, 2022）．この視点に立てば，1.5℃は「科学的に超えてはいけない一線」と捉えることができ，その目標達成のためには太陽放射改変（5章コラム5.3参照）のような論争的な対策手段が必要になってくるかもしれない．

　一方で，経済学では費用便益分析に基づいて気候変動対策の目標水準を決める考え方が主流である（6章参照）．気候変動の影響によってさまざまな被害が生じるが，気候変動を抑えるための政策の実施にも社会的な費用が伴う．費用便益分析では，気候変動の影響の被害コストと気候変動を抑える政策コストを比較して，総和のコストが最小になる経済的に最適な目標水準がどこかを計算する（アメリカの経済学者ウィリアム・ノードハウスはこうした研究の功績により2018年にノーベル経済学賞を受賞した）．費用便益分析ではティッピングポイントのリスクは不確実性が大きいために基本的に考慮されていないが，最新の研究では1.5・2℃目標を達成することが経済的にも費用最適という主張もある（Hänsel *et al.*, 2020; Glanemann *et al.*, 2020）．

　「ティッピングポイント」「費用最適化」は自然科学や経済学の観点からのフレーミングなのに対して，正義や衡平性の観点から1.5・2℃目標を目指すべきだとするのが「不平等」のフレーミングである．気候変動問題の背景には，豊かな北の先進国の人々の消費を満たすために引き起こされた気候変動によって，貧しい南の途上国の人々が最も大きな被害を被る不平等な構造

があり，温暖化の進行はすでに著しい世界の格差をさらに悪化させる．実際に世界人口の所得下位50％のCO_2排出量は全体のわずか1割なのに対して，上位10％は約半分を占めるという推計がある（Chancel, 2022）．この見方に立てば，1.5℃という数字は平等な未来に向けた象徴的な意味しかなく，不平等な社会経済構造の転換こそがより本質的な目標となる．こうした考えは，富裕層によるぜいたく消費を意図的に減らす「脱成長」の主張にもつながる（斎藤，2020）．

　このように，同じ1.5・2℃目標でもなぜそれを目指すべきかの捉え方は多様であり，支持される政策が対立する場合もある．気候変動対策をめぐる論争の根っこには問題そのものの捉え方のずれがあり，政策的な議論を深めるためには，そうしたフレーミングの違いを可視化することが肝要になる．重要なことは，気候変動問題をどのように捉えるべきかに「唯一の正解」はなく，正しいフレーミングがあらかじめ存在する訳ではないという点である．

　本書を読み進める際には，自然科学から人文社会科学までのさまざまな学問分野の知見を参照しながら，常に考え，異なる意見の人との議論を大事にしてもらいたい．フレーミングの多様性に自覚的になることで，問題の所在をより深く理解できるだけでなく，政策的な選択肢をより幅広く考えられるようになるだろう．

コラム1.3　IPCCとは[1]　　　　　　　　　　　　　　　　　　　杉山昌広

　本書では随所でIPCCの報告書を参照している．そもそもIPCCとはどのような国際機関だろうか．

　1988年に，世界気象機関（WMO: World Meteorological Organization）および国連環境計画（UNEP: United Nations Environment Programme）により，「気候変動に関する政府間パネル」（IPCC）が設置された．IPCCは3つの作業部会と1つの国別温室効果ガス国別目録（インベントリ）タスクフォースから構成される．作業部会については，第1作業部会（WG I: Working Group I）が自然科学的基礎，第2作業部会（WG II）が影響評価と適応策，第3作業部会（WG III）が緩和について検討することになっている．

---

[1]　本コラムは杉山（2024）を元に簡略化してまとめた．

数年ごとに各作業部会が評価報告書を，またそれらを総括した統合報告書が公表される．他にも特別報告書などさまざまな報告書が作成されている．

IPCC は気候変動の科学をレビューしてまとめ，その評価の内容を政策担当者や社会へ伝達するという重要な役割を果たしてきた．IPCC は 2007 年にアメリカ元副大統領で地球温暖化問題の伝道師としても活躍したアル・ゴア氏とならんでノーベル平和賞を受賞している．IPCC の成功は他の分野へのインスピレーションになっている．たとえば 2012 年に創設された「生物多様性および生態系サービスに関する政府間科学-政策プラットフォーム」（IPBES: Intergovernmental Science-Policy Platform on Biodiversity and Ecosystem Services）は生物多様性版 IPCC と呼ばれることもある．

報告書は世界各国の科学者の実に大人数の著者陣の分担執筆で，また厳格な手続きを経て作成される．ドラフトは 2 回の専門家による査読と，2 回の政府による査読を経て最終版となる．学術論文の査読とは異なり，（自己申告式で）「専門家」は誰でもコメントできる．膨大なコメントが寄せられ，すべてのコメントについて著者陣は対応が求められる（図 B）．

本文は 1000 ページを超え膨大であるため，読まれるのは要約である．政策決定者向け要約（SPM: Summary for Policymakers）は IPCC の全体会合で承認される．IPCC は正式なメンバーが各国政府である国際機関であるため，全体会合では国際交渉さながら，一文一文が会議場の前のスクリーンに投影され，各国政府が議論し承認をしていく．科学者である著者陣もその場に参加して，可能な修正案を提案する．

もちろん，科学であるため要約の元となっている本文と矛盾することは書けないが，ある特定の国が好まない主張を SPM から削除するといったことはしばしば起きている．たとえば，最新の第 6 次評価報告書の WG I では，「人間の影響が大気，海洋および陸域を温暖化させてきたことには疑う余地がない」という表現は，ドラフト段階で一部の国からコメントがついて調整がなされた．

地球温暖化は対策が求められる段階に入ってきており，IPCC の役割も変わることになる．IPCC の報告書は policy relevant but not policy prescriptive という政治的中立な原則を打ち立ててきたが，さまざまな国における個別具体的な解決策が求められる中，IPCC 自体にも改革が必要であろう．

スコーピング

アウトラインの承認

執筆者の推薦

アウトラインは、各国政府と
オブザーバー機関から推薦さ
れた専門家によって起草・作
成される。

IPCCが概要を承認
する。

各国政府およびオブ
ザーバー機関は、専
門家を執筆者として
推薦する。

政府および専門家による
レビュー－二次ドラフト

専門家によるレビュー－
一次ドラフト

著者の選出

報告書の二次ドラフトと政策
決定者向け要約（SPM）の
一次ドラフトが政府と専門家
によってレビューされる。

著者が一次ドラフト
を作成し、専門家に
よる査読を受ける。

事務局が著者を選出

最終ドラフトおよびSPM

SPM最終ドラフトの政府レビュー

報告書の承認と受理

著者陣は報告書とSPMの
最終ドラフトを作成し、
各国政府に送付する。

各国政府は、SPMの承認
に向けて最終ドラフトを
検討する。

ワーキンググループ/パ
ネルはSPMを承認し、報
告書を受理する。

報告書の
発行

図 B　IPCC の執筆・査読・承認過程（IPCC による解説を一部改変）

1.2　世界と日本の気候変動に関わる社会経済指標の推移　　沖 大幹

人口と平均寿命の推移

　世界と日本における過去から未来への総人口の推移を示したのが図 1.2 で
ある．将来人口については SSP（Shared Socio-economic Pathways, 共通社

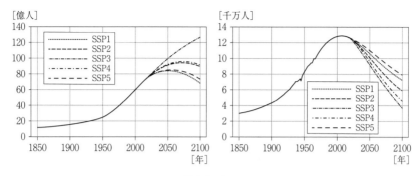

図 1.2　人口

　世界（左）と日本（右）の総人口の 1850-2100 年の推移. 世界の 2010 年以降は Jones and O'Neil による SSP（共通社会経済経路）ごとの推計値. 日本の 2020 年以降は環境研究総合推進費 2-1805 成果による SSP ごとの推計値.（Goldewijk & Drecht, 2006; Jones & O' Neil, 2016; 森田，1944；日本エネルギー経済研究所計量分析ユニット，2022；総務省統計局；環境研究総合推進費 2-1805 成果）

会経済経路）と呼ばれる将来シナリオごとの推計値である. SSP1：持続可能, SSP2：中道, SSP3：地域分断, SSP4：格差, SSP5：化石燃料依存，といった将来社会の想定であり，詳細については 3.2.2 項を参照されたい.

　日本の人口は 2008 年に 1 億 2808 万人でピークを迎え，今世紀末に向けて減少を続け，真ん中の SSP2 の場合 2100 年には約 6 千万人に半減すると推計されている. 2022 年には 80 億人に達した世界人口だが，幸いなことに，過去 60 年の間，10 年で約 8 億人というほぼ一定の人口増で推移しており，単純に想定される指数関数的な増え方は実際にはしていない. 人口増加率は 1970 年頃の 2% から徐々に低下して現在 1% 程度であり，21 世紀後半には増減ゼロの定常状態になると国連でも想定されている.

　一方で，図 1.3 に示す通り平均寿命は世界でも日本でも伸び続けており，今世紀中に世界の平均寿命は 80 歳，日本の平均寿命は 90 歳を超えると推計されている. なお，1957 年と 2020 年に世界の平均寿命が下がっているのは，それぞれ新型インフルエンザ，新型コロナウイルスの世界的な流行のためである.

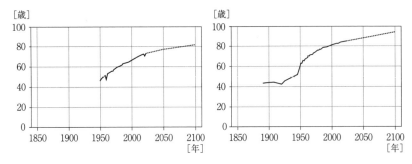

図 1.3　平均寿命
　世界（左）と日本（右）の平均寿命（その年の 0 歳児の平均余命）の 20 世紀初頭前後
から 21 世紀末にいたる推移．2022 年以降は推計値．世界については国連が 2022 年に発
表した値で，将来については中位推計．1891-1947 年までの日本のデータは，当時の男女
比率を基に，0 歳時点での男女別の平均余命の加重平均で，1891, 1899, 1909, 1921,
1926 年の日本のデータは，それぞれ 1891-98 年，1899-1903 年，1909-13 年，1921-25 年，
1926-30 年までの 0 歳時点での男女別の平均余命から算定した値を表している．世界も日
本も将来推計は SSP によらない．(United Nation, 2022；厚生労働省，2024；総務省統計局)

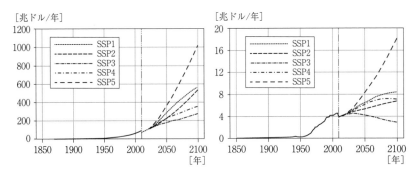

図 1.4　GDP
　世界（左）と日本（右）の国内総生産（GDP）［兆ドル / 年］の 1850-2100 年への推移．
2010 年以降は推計値．2009 年以前の世界のデータは 2011 年時点での国際ドル（2011 年
にアメリカで米ドルを持っていたのと同じ購買力平価），2009 年以前の日本のデータは
2011 年時点での米ドル（インフレを考慮して 2011 年時点に換算した米ドル），2010 年以
後の世界，および日本のデータはインフレを考慮して 2005 年時点に換算した米ドルが単
位となっている．境界となる時点を明確にするため，鉛直方向に二点鎖線を示している．
(World Bank, 2023; Riahi *et al.*, 2017; Dellink *et al.*, 2017; Bassino *et al.*, 2018; Fukao *et al.*, 2015;
The Conference Board Total Economy Database™)

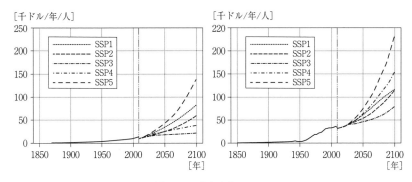

図 1.5 　1 人あたり GDP

世界（左）と日本（右）の 1 人あたり GDP［10³ ドル / 年 / 人］の 19 世紀から 21 世紀末にいたる推移．2010 年以降は推計値．2009 年以前の世界のデータは 2011 年時点での国際ドル（2011 年にアメリカで米ドルを持っていたのと同じ購買力平価），2009 年以前の日本のデータは 2011 年時点での米ドル（インフレを考慮して 2011 年時点に換算した米ドル），2010 年以後の世界，および日本のデータはインフレを考慮して 2005 年時点に換算した米ドルが単位であり，各年の推計人口で除して求めた．境界となる時点を明確にするため，鉛直方向に二点鎖線を示している．

GDP とエネルギー消費量ならびにエネルギー強度の推移

　さて，国内総生産（GDP: Gross Domestic Product）の推移と将来推計が図 1.4 である．化石燃料依存シナリオ（SSP5）で伸びが極端に大きく，次いで持続可能シナリオ（SSP1）が続き，地域分断シナリオ（SSP3）が最も低くなるのは，世界も日本も同様である．1990-2020 年の日本の GDP の推移はそれ以前と比べると緩やかだが，米ドル換算してみると着実に経済成長していたことがわかる．1 人あたりの GDP（図 1.5）も同様だが，日本では SSP4（格差社会）の方が SSP1 よりも平均的な 1 人あたり GDP は高くなる想定となっている．

　エネルギー消費量は，どのような社会になるかに加えて，どの程度の排出削減を行うかによって将来の値は大きく異なる．GHG の排出に応じた大気上端での放射量収支の 21 世紀末における変化量の値をラベルとして RCP1.9, RCP8.5 などといった排出シナリオ（代表的濃度経路，RCP: Representative Concentration Pathways）が設定されている．RCP と SSP との組み合わせで，図 1.6 のように世界の将来のエネルギー消費量が推計されている．RCP

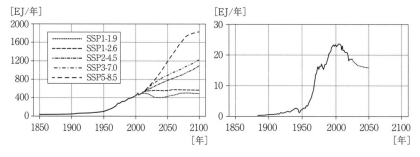

図 1.6　エネルギー消費量

　世界（左）と日本（右）の 1 次エネルギー消費量 [EJ; Exajoules = 10^{18}J/ 年] の 19 世紀から 21 世紀末にいたる推移．世界の 2005 年以降，日本の 2022 年以降は推計値．日本の将来予測については SSP によらない将来の予測値を点線で表している．(Energy Institute – Statistical Review of World Energy, 2023, Smil, 2017–with major processing by Our World in Data; Riahi *et al.*, 2017; 日本エネルギー経済研究所計量分析ユニット，2022; U.S. Energy Information Administration)

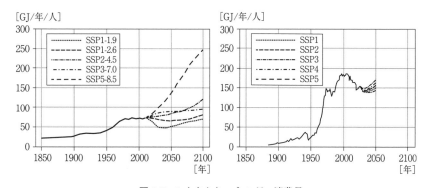

図 1.7　1 人あたりエネルギー消費量

　世界（左）と日本（右）の 1 人あたりエネルギー消費量（GJ; Gigajoules = 10^9J/ 年 / 人）の 19 世紀から 21 世紀末にいたる推移．世界の 2005 年以降，日本の 2020 年以降は推計値．世界の予測値は，SSP 別の 1 次エネルギー消費量の予測値を，対応する SSP 別の人口の予測値で除して求めた．日本の予測値は，SSP によらない 1 次エネルギー消費量の予測値を，SSP 別の人口で除して求めた．

　の詳細は 3.2.2 項を参照されたい．1970 年代の 2 度のオイルショック，リーマンショックの 2009 年，COVID-19 の 2020 年などで短期的な停滞や減少はあっても，世界のエネルギー消費量は基本的に増加し続けているが，日本では 2005 年にピークを迎え，変動しつつもその後は長期減少傾向が見込ま

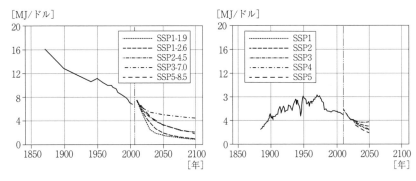

図1.8　エネルギー強度

　世界（左）と日本（右）のエネルギー強度，付加価値（GDP）あたりのエネルギー消費量［MJ; Megajoules = 10^6J／ドル］の 19 世紀から 21 世紀末にいたる推移．世界の 2010 年以降，日本の 2010 年以降は推計値．GDP の単位の境界となる時点を明確にするため，鉛直方向に二点鎖線を示している．世界の予測値は SSP 別の 1 次エネルギー消費量の予測値を，対応する SSP 別の GDP の予測値で除して算定．日本の予測値は，SSP によらない 1 次エネルギー消費量の予測値を，SSP 別の GDP で除して算定．

れる．

　これに対し，図 1.7 の 1 人あたりのエネルギー消費量では，世界平均が過去半世紀にわたってほぼ横ばいなのに対し，日本では高度成長期からバブル崩壊まで，オイルショック時の一時的な停滞や減少を経験しつつも半世紀にわたって増大した後，21 世紀に入ってからは減少傾向にある．今後はさらなる経済発展に伴い，世界でも日本でも多くのシナリオで微増が想定されている．

　茅の恒等式に現れる付加価値（GDP）あたりのエネルギー消費量，すなわちエネルギー強度については，図 1.8 にみるように，世界では産業革命以来基本的に長期逓減傾向であるが，日本ではオイルショックまで増加を続け，以後順調に削減されているのがわかる．

CO_2 排出量と炭素強度の推移

　CO_2 排出量もエネルギー消費量と同様，社会経済シナリオ（SSP）と排出シナリオ（RCP）に依存する（図 1.9）．世界でも日本でも，SSP1-1.9 シナリオでは 2050 年に，SSP1-2.6 では 2080 年前後に CO_2 排出量がゼロとなり，

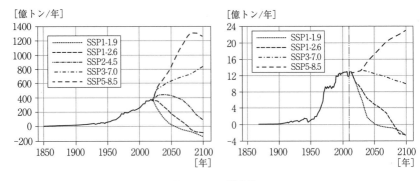

図 1.9　CO$_2$排出量

　世界（左）と日本（右）の CO$_2$ 排出量［億 t／年］の 19 世紀から 21 世紀末にいたる推移．世界の 2030 年以降，日本の 2015 年以降は推計値．日本の将来予測について SSP2-4.5 は図示されていない．（Byers *et al.*, 2022; Riahi *et al.*, 2017; Rogelj *et al.*, 2018; Gidden *et al.*, 2019）

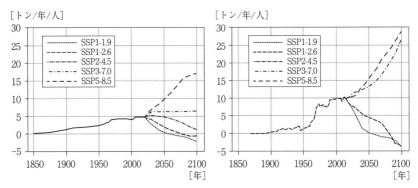

図 1.10　1 人あたり CO$_2$排出量

　世界（左）と日本（右）の 1 人あたり CO$_2$ 排出量［t／年／人］の 19 世紀から 21 世紀末にいたる推移．世界の 2010 年以降，日本の 2015 年以降は推計値．世界，および日本の予測値について，SSP 別の GDP の予測値を，対応する SSP 別の人口の予測値で除して求めた．日本の将来予測について SSP2-4.5 は図示されていない．

以降，負の排出，すなわち環境中の CO$_2$ の吸収に転じる想定となっている．一方，SSP5-8.5 では今世紀終りにかけて排出量はさらに増大する想定となっているが，昨今の国際情勢や各国の確約状況に鑑みて，さすがにこういう排出経路までにはいたらないのではないか，とも期待されている．

　図 1.4 や図 1.5 のように，世界でも日本でも GDP は着実に伸びていたのに

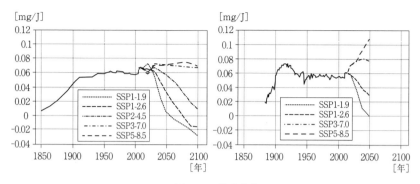

図 1.11 炭素強度

　世界（左）と日本（右）の炭素強度［milligram/J］，1 次エネルギー消費量あたりの CO_2 排出量の 19 世紀から 21 世紀末にいたる推移．世界の 2005 年以降，日本の 2015 年以降は推計値で，世界については SSP 別の CO_2 排出量の予測値を，対応する SSP 別の 1 次エネルギー消費量の予測値で除して求めた．日本については SSP 別の CO_2 排出量の予測値を，SSP によらない 1 次エネルギー消費量の予測値で除して求めた．日本の将来予測について SSP2-4.5 は図示されていない．

もかかわらず，1 人あたりの CO_2 排出量（図 1.10）は近年ほぼ横ばい状態である．今後，1 人あたりのエネルギー消費量（図 1.7）に大きな変化がなくとも，再生可能エネルギーへの代替などによって炭素強度（図 1.11）や 1 次エネルギー消費量あたりの CO_2 排出量が減少すれば，今世紀末に向けて 1 人あたり CO_2 排出量は削減される．

　そのため，図 1.11 の炭素強度の将来の推移のシナリオ依存性は，図 1.10 とよく対応している．炭素強度の過去の推移において，世界平均（左）と日本の平均（右）に大きな値の差はなく，時系列的にも 20 世紀前半から大きな変化傾向はない．

1.3　気候変動をめぐる世界の状況の変化　　　　　　　　沖 大幹

熱波や風水害の増大

　国連防災機関（UNDRR: United Nations office for Disaster Risk Reduction）の報告書（2020）によると，2000 年から 2019 年までの 20 年間に 7348 件の災害が記録され，123 万人の命が奪われ，42 億人（多くは複数回被災）

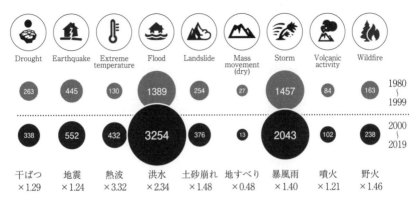

図 1.12　自然災害種別の報告数
　20 世紀最後の 20 年と，21 世紀最初の 20 年における自然災害種別の報告数．国連防災機関（UNDRR）の報告書「災害の人的損失」(2020) による．この報告書では，10 人以上の死者，100 人以上の影響人口，緊急事態宣言，あるいは国際的な支援要請のうち，少なくとも 1 つに当てはまる事例が災害として集計されている．

が影響を受け，約 2 兆 9700 億米ドル（2019 年価値に換算）の経済損失が発生した．1980 年から 1999 年までの 20 年間では，4212 件の災害が発生し，約 119 万人の命が奪われ，32 億 5000 万人が影響を受け，約 1 兆 6300 億米ドル（2019 年価値に換算）の経済損失を被ったとされ，いずれの指標でも 21 世紀に入って自然災害の被害は増大している．

　図 1.12 の通り地震や火山など，数十年で大きく発生確率が変わるとは考えにくいハザードに起因する災害件数はどちらも約 1.2 倍の増加であった．これは，冷戦下で世界が東西に分断され，インターネットを通じた情報共有もなかった頃とは異なり，近年では地球の裏の遠隔地域での災害のニュースも即座に知られるようになって確認される災害件数が増えたためだとも考えられる．

　これに対し，20 世紀末から今世紀始めにかけて全体として災害件数が約 1.7 倍に増えているところ，洪水は約 2.3 倍，極端な高温は約 3.3 倍の発生件数となっており，気候変動の影響が顕在化しつつある様子がうかがわれる．幸いなことに，開発の進展に伴い防災体制が整備されたおかげで世界の総人口が 1.3 倍以上に増加したにもかかわらず死者数は微増であり，影響人数の

増大も 1.2 倍程度であるが，インフレを調整した後でも経済損失は 1.8 倍以上に増大している．

　個々の自然災害にどの程度気候変動の影響があるかは確率論的にしか決定できない（3.4 節「検出と要因分析」参照）が，こうして集計されると，気候変動に起因する自然災害の増大は明白である．

投資セクター

　自然災害によって世界的に資産被害が増大したり，生産消費活動の停滞によって商機が失われ機会費用が発生したりするようになると，世界各地に資産を持っている機関投資家，日本を含む各国の年金機構や再保険会社などにとっては，少しでもそうした財産の毀損が回避できるのなら，と各国政府やグローバル企業を始めとするビジネスセクターに気候変動対策の推進を求める強い動機づけが働く（6.3 節）．株主以外の関係者の利益にも目配りするステークホルダー資本主義も含め，今や環境配慮や社会貢献はビジネスにとっての追加費用ではなく，必要不可欠な投資となっている．

　また，一方で，将来の金銭価値を現在価値に換算する際の割引率は，経済成長率が高いと大きくなり，短期的な損得に関心が向きがちなのに対して，経済成長率が低く割引率が低いと長期的な視野での事業計画を立てざるを得ないことが知られている．20 世紀末にはすでに安定成長に入った先進諸国のみならず，急激な成長が鈍化してきた中進国や新興各国が，近年になって気候変動対策に目を向けるようになった一因は，世界全体の経済成長が鈍化し，割引率が低下して長期的な視点でのビジネス展開が必要となり，当然気候変動リスクを考慮せざるを得なくなったからである．

　「気候と社会」の理解は実社会で活躍される方々にこそ必須なリテラシーなのである．

エネルギー安全保障

　石炭は資源が比較的各国に分布しているのに対し，石油や天然ガスは特定の国や地域に資源が集中しており，その安定供給は地政学的なリスクを常に伴っている（5 章コラム 5.2）．分散型のエネルギー源である太陽光パネルや

風力発電といった再生可能エネルギーの普及は，そうした状況からの脱却に大いに資する．そういうわけで，気候変動の悪影響や緩和費用にかかわらず，エネルギー安全保障のために気候変動対策としての緩和策を推進しようという意欲を持つ人々もいる．

また，今後グローバルサウスの発展に伴うエネルギー需要の増大に対して，これまでのように化石燃料の供給で応えていると，限りある化石燃料資源がすぐに枯渇してしまうおそれがあるところ，できるだけ節約し，将来にわたってグローバルノースも利用できるようにするために，化石燃料の使用に制限を課しているという穿った見方もある．

新たな需要の喚起，新ビジネスの展開

太陽光パネルや風力発電，あるいは CO_2 の回収・貯留といった新技術の開発，もしくは CO_2 を排出する権利や吸収したクレジットを売り買いする市場の創成など，気候変動対策がこれまでにない新たな市場を生み出すのに期待している人々もいる．

一方で，原料の調達から製造，販売，といった製品やサービスのライフサイクル全体での GHG の排出量（カーボンフットプリント）に着目し，それが少ない製品やサービスほど「環境に優しい」として生活者に訴求しようという動きもある．水力を含む再生可能エネルギーや，炭素強度が相対的に小さい天然ガスなどによる発電割合がすでに高い欧州にとっては，そうした付加価値で差別化し，商品価値を高められるのは大きなメリットである．悪く言えば，単なる価格競争では勝負できない国々にとって，気候変動対策が遅れている国や地域からのモノやサービスを締め出す非関税障壁としても，カーボンフットプリントは利用できる．もちろん，カーボンフットプリントは緩和策の効果的な推進と進捗把握のために必要不可欠な指標であり，そのための情報収集，算定が世界各国で精力的に行われるようになっている．

気候変動問題の呉越同舟

気候変動がこれ以上少しでも進んでしまったら人類を含む生物は絶滅してしまうのではないか，今すぐでなくとも自分たちの子供の世代には気候変動

のせいで壮絶な地球環境になり悲惨な将来が待っているのではないか，といった危機観だけが気候変動問題を解決しようという原動力ではない．本節で概観したように，各国政府や国際機関，投資家，ビジネス，エネルギー，防災，開発援助などの各セクターがそれぞれの思惑と目論見を持って気候変動対策を推進しようとしているのである．

　地球環境を守る，気候変動の進行を阻止する，といった善行は善意に基づいていなければならない，という考え方もあるかもしれない．しかし，アダム・スミスが「国富論」で「われわれが食事をあてにできるのは，肉屋や酒屋やパン屋が慈善家だからではなく，彼らが自己の利益に関心を持っているからだ」と述べているように，強制されるのではなく，私たちが自ら選好する行動の集大成によって，結果として地球の環境が守られるのであれば，それでもよいのではないだろうか．

1.4　気候変動問題の推移　　　　　　　　　　　　　　　　沖 大幹

温室効果研究の黎明

　CO_2 の温室効果に関わる研究は，19 世紀に始まったとされる（ワート，2005）．フーリエ級数で知られるフランスの科学者ジョセフ・フーリエは，地球の大気が温室のガラスのような役割をしているという温室効果に関する論文を 1827 年に発表した（以下，表1.1 参照）．しばらく後，アメリカの科学者ユーニス・ニュートン・フットがガラスシリンダーにさまざまな気体を充填し，太陽光によってどのように温められるかの実験を 1856 年に行った．彼女は CO_2 が入ったシリンダーが最も暖まりやすいことを見出し，アメリカ科学振興協会に発表した論文で「CO_2 の大気はより高い気温を地球にもたらす」と述べている．

　その直後には「チンダル現象」の発見者イギリスのジョン・チンダルが，室内実験の結果に基づき，赤外線を効率的に吸収する大気中の水蒸気や CO_2 の変動が気候の変動をもたらすであろうという論文を 1861 年に発表している．そして，水溶液の酸と塩基の定義や化学反応のアレニウスの式で知られるスウェーデンの科学者スヴァンテ・アレニウスは，大気中の水蒸気や CO_2

表 1.1　気候変動問題に関する年表

年	出来事	本書の関連個所
1827	フーリエ「地球の大気は温室のガラスのような「温室効果」を持つ」	1.4
1856	フット「CO_2 の大気はより高い気温を地球にもたらす」	1.4
1861	チンダル「水蒸気や CO_2 の濃度の変動が気候の変動をもたらす」	1.4
1896	アレニウス「水蒸気や CO_2 の変動が温室効果を通じて地上気温を変動させる」	1.4
1938	カレンダー「燃料燃焼由来の CO_2 が大気中に残留して地上気温上昇をもたらす」	1.4
1956	プラス「CO_2 濃度が倍増すると 3.6℃上昇」	1.4
1957	キーリング博士によるハワイ・マウナロアでの CO_2 濃度の精密観測開始	1.4
1967	眞鍋ら「CO_2 濃度が 600 ppm になったら地上気温は 2.36℃上昇」	1.4
1968	ハーディン『コモンズの悲劇』	(1.1) 1.4
1969	アポロ 11 号月着陸	1.4
1972	メドウズら『成長の限界』	1.4, 6.4
	国連人間環境会議「かけがえのない地球（たった 1 つの地球）」	1.4, 6.4
1975	真鍋ら「地球温暖化で高緯度の昇温大，水循環加速」	1.4
1979	チャーニー報告「21 世紀半ばに CO_2 濃度は倍増，気温は 3 ± 1.5℃上昇」	1.4
1980	米カーター政権『西暦 2000 年の地球』	6.3.1
1985	フィラハ会議「21 世紀半ばには人類が経験したほどのない規模で気温が上昇する」	
	オゾンホール保護のためのウィーン条約	1.4
1987	ブルントラント報告『我ら共通の未来』	1.4, 6.4
1988	WMO と UNEP が IPCC 設立	
	ハンセンのアメリカ上院議会証言「人為的な GHG が原因なのは 99% 確か」	1.4
	大気質に関するトロント会議「先進国が CO_2 を 2005 年までに 1988 年より 20% 減」という数値目標設定	
1990	IPCC 第 1 次評価報告書（FAR）	1.4
1992	気候変動に関する国連枠組条約（UNFCCC）採択	6.3.2
	国連環境開発会議，『アジェンダ 21』	1.1
1994	UNFCCC 発効	
1995	UNFCCC COP1 ベルリンにて開催，議定書交渉開始	
	IPCC 第 2 次評価報告書（SAR）	1.4
1996	「2℃目標」が欧州環境理事会で合意	6.3.2
1997	UNFCCC COP3 で京都議定書採択	6 章
2001	IPCC 第 3 次評価報告書（TAR）	1.4
	米ブッシュ政権，京都議定書不参加を宣言	6 章
	国連ミレニアム宣言	1.4
2005	京都議定書発効	6.3.2
2006	英国政府『スターンレビュー』	
2007	IPCC 第 4 次評価報告書（AR4）	1.4
	IPCC およびアル・ゴア氏，ノーベル平和賞受賞	
2009	COP15 コペンハーゲンにて開催され，新しい議定書策定を目指すも決裂．政治宣言として「コペンハーゲン合意」	6.3.2
2011	COP17 ダーバン（南ア）にて開催され，新国際枠組みの交渉開始	

年	出来事	本書の関連個所
2013	IPCC 第5次評価報告書（AR5），統合報告書は 2014 年	1.4
2015	2030 アジェンダ（SDGs）	1.4
	パリ協定採択	6.3.3
2016	パリ協定発効	
2017	米トランプ政権，パリ協定から離脱の意思表明	
2018	IPCC1.5℃特別報告書	6.3.3
	ノードハウス，ノーベル経済学賞受賞「気候変動対策の経済分析」	
2019	英国，2050 年排出量実質ゼロ宣言，多くの国が続く	
2020	菅内閣総理大臣「2050 年までに，GHG の排出を全体としてゼロにする」	
2021	米バイデン政権，パリ協定に復帰	
	眞鍋博士，ノーベル物理学賞受賞「地球の気候の物理的なモデリング」	1.4
	COP26 がグラスゴー（英国）にて開催され，1.5℃を目指すことに合意	6.3.3
	IPCC 第6次評価報告書（AR6），統合報告書は 2023 年	1.4

濃度の変動がその温室効果を通じて地上気温を変動させるという論文を 1896 年に発表した．アレニウスの主な関心は，地質記録に見出される氷河期の全球的な気温の変化が CO_2 濃度の変動で生じ得るかどうかであった．彼は，CO_2 濃度の上昇に伴う気温の上昇は赤道付近よりも極地方で大きく，また，夏よりも冬，海よりも陸の方が気温変化は大きいという現在の推計（3.5 節参照）とも整合的な結果を得ている．

　20 世紀になり，英国電気連携産業研究協会の蒸気機関技師であったガイ・スチュワート・カレンダーは，燃料の燃焼によって大気中に排出される CO_2 の約 4 分の 3 が大気中に残留し，これによって年間 0.003℃気温が上昇していると推計し，さらに 200 地点からの気象観測データにより過去 50 年の間に年間 0.005℃の割合で気温が上昇していることを 1938 年に示した．カレンダーのこの論文では，燃料の燃焼による CO_2 濃度の増大は，作物の成長を促進し，農耕地の北限に近い地域での気温を上昇させ，さらには過酷な氷河期の再来を遅らせるなど，どちらかというと好ましい影響をもたらすかのように書かれている．また都市化に伴うヒートアイランド効果についても検討されている．

　この頃，20 世紀前半には，CO_2 が吸収できる赤外線はすべて水蒸気が吸収してしまうので，CO_2 は気候変動には関係しないという学説も流布してい

た．アメリカの物理学者ギルバート・プラスはこれに疑念を呈し，大気上層の CO_2 による温室効果を精密に推計して，水蒸気による吸収の飽和は生じておらず，CO_2 濃度が倍増すると全球平均気温が 3.6℃ 上昇するとした論文を 1956 年に発表した．また，彼は，地球化学的平衡を考え，海洋による吸収を考慮しても化石燃料の燃焼による CO_2 の排出が大気中の CO_2 濃度を増大させ得るという試算結果も示している．ただし，CO_2 濃度が半減すると全球平均気温が 3.8℃ 下降するという推計も併せて示されており，やはり寒冷化が懸念されていた様子がうかがえる．

国際地球観測年（IGY）と CO_2 濃度の観測開始

　1957 年から 1958 年にかけて，冷戦中の東西陣営の科学を通じた交流という意義，あるいは南極観測における東西陣営の科学の名を借りた競争という意味もあって実施された国際地球観測年（IGY: International Geophysical Year）において，ハワイ・マウナロア山頂と南極における大気中の CO_2 濃度の観測が，カリフォルニア大学サンディエゴ校スクリプス海洋研究所（アメリカ）のチャールズ・キーリングらによって開始された．化石燃料の燃焼に伴ってそれなりの量の CO_2 が大気中に放出されていることは自明で，それによって大気中の CO_2 濃度も増えるだろうという試算はあったものの，実際に増大しているのかどうかは当時まだ不明であった．キーリングらによるこの精密な測定研究によって，大気中の CO_2 濃度が，季節変動を伴いながら有意に上昇する傾向が 1965 年に初めて論文として公表された（Pales and Keeling, 1965）．観測は現在も継続されていて，観測開始時には 320 ppm に満たなかった大気中の CO_2 濃度が 2023 年には 420 ppm を超えている．

気候モデルの黎明

　東京大学で博士の学位取得後に渡米し，アメリカ大気海洋庁（NOAA: National Oceanic and Atmospheric Administration）の地球流体力学研究所で数値シミュレーションによる気候予報に携わっていた真鍋淑郎らは，地上から大気上端までの鉛直 1 次元放射対流平衡モデルを用いて，CO_2 濃度が 600 ppm になったら地上気温は 2.36℃ 上昇するといった論文を発表した

(Manabe and Wetherald, 1967). 1975 年には単純化された海陸分布とはいえ 3 次元大気海洋結合モデルを用いて CO_2 濃度倍増時のシミュレーションを行い，地上気温のみならず，降水量や蒸発量といった水循環の変化も含めた気候変動を算定した．温暖化に伴う積雪の減少によって高緯度で昇温が大きく，水循環も加速するなどの結果が示されている．

1979 年には全米科学アカデミーが「気候に対する人為起源 CO_2 の影響」に関して，「21 世紀半ばに CO_2 濃度は 2 倍になり，気温は 3 ± 1.5℃上昇する」とするチャーニー報告をまとめた．1988 年には，その年の北米の大干ばつに関連して，NASA（National Aeronautics and Space Administration: アメリカ航空宇宙局）の気候科学者ジム・E・ハンセンがアメリカ上院議会において，当時の気温の上昇が自然の変動ではなく人為的な GHG が原因であることは 99% 確かである，と証言し，気候変動問題が政治課題化する扉を開いた．ちなみに，この際，真鍋博士も同時に証言したのだが手ごたえがなかったのがトラウマとなり，2021 年にノーベル物理学賞を受賞された後も「偉い人の前で話すのは嫌だ」とおっしゃっていた．

気候変動の顕在化

人間活動に伴って大気中の GHG 濃度が上昇しているかどうか，それが全球平均気温の上昇をもたらしているのかどうか，といった点に関して，気候変動に関する政府間パネル（IPCC）の評価報告書の記述は，この 30 年あまりで大きく変化している．

第 1 次評価報告書（1990 年）：「観測された（世界平均）気温の上昇は気候モデルの予測と整合しているが自然変動の大きさと同程度であり，自然変動である可能性もある」と控えめな表現．

第 2 次評価報告書（1995 年）：「証拠の比較検討結果はグローバルな気候への識別可能な人間影響を示唆している」と一歩踏み込む．

第 3 次評価報告書（2001 年）：「最近 50 年に観測された温暖化のほとんどが GHG 濃度の増大によって引き起こされた可能性が高い」と可能性の高さを示す．

第 4 次評価報告書（2007 年）：「20 世紀半ば以降の観測された全球平均気

温の増大のほとんどが観測された人為的な GHG 濃度の増大によるものである可能性が非常に高い」とほぼ断定.

　第 5 次評価報告書（第 1 作業部会, 2013 年）：「気候システムの温暖化については疑う余地がない」としたうえで，「人間による影響が 20 世紀半ば以降に観測された温暖化の支配的な原因であった」あるいは人間の活動が気温上昇を起こしている可能性について「きわめて高い（95% 以上）」と，より踏み込んだ表現を採用.

　第 6 次評価報告書（2022 年）：「人間活動が主に GHG の排出を通して地球温暖化を引き起こしてきたことには疑う余地がない」とし，「人間による影響が 20 世紀半ば以降に観測された悪影響の支配的な原因であった」というふうに，人為的な気候変動が実際に悪影響をもたらしていると明言.

　明らかに，人為的気候変動の確信度はこの間に飛躍的に高まっている．これには，全球平均気温の顕著な上昇が 1990 年代に生じた影響も大きい．実際，大気中の GHG 濃度などの人為的な変化を考慮した場合と考慮しない場合とで 20 世紀の気温を算定した結果を比較すると，ちょうど 1990 年以降に関して有意な差が認められ，徐々に両者の差が広がっている．皮肉なことに，私たちの努力が不充分であったために気候変動が進行し，その確信度がどんどん高まっているのである.

地球環境元年の 1972 年

　1969 年のアポロ 11 号の月着陸に象徴されるように，人類は地球を外から眺める視点を持つようになり，たとえ世界はアメリカを中心とする資本主義陣営とソ連を中心とする共産主義や社会主義の陣営の東西 2 つに分かれているとしても，たった 1 つの地球で何とかやっていかねばならないという考えも広まった．1972 年にストックホルムで開催された国連人間環境会議のキャッチフレーズは "Only One Earth" であり「かけがえのない地球」という意訳が定着している.

　この会議に向けてローマクラブが準備したメドウズらの報告書「成長の限界」は，世界人口，工業化，汚染，食糧生産，資源使用の成長率が一定なら幾何級数的成長と破局は不可避である，と結論づけ，世界中に衝撃を与えた.

成長を緩やかにしても生産効率や汚染排出量を削減しても破局が少し先に延びるだけだ，あるいは技術革新は間に合わない，といったメッセージが，昨今の気候危機論と通じるところがあるのは興味深い．日本でも，翌年のいわゆるオイルショックを受けて高度成長が終わりを告げ，経済と科学技術が成長し続ける楽観的な未来像は打ち捨てられて，公害の深刻化もあり，自然環境との調和や暮らしの真の豊かさに私たちの思いが及ぶようになった．

人口論と定常状態経済

そもそも古くは 18 世紀の末にマルサスが発表した「人口論」のように，人口増大に生産が追いつかず，食料などの生活資源はいずれ枯渇する，といった不足の恐怖に人類は常に怯えていた．さらに，1960 年代にはアフリカにおける植民地独立に伴い国連での途上国の勢力が増し，敗戦国日本が1968 年にはアメリカに次いで世界第 2 位の経済大国となるなど，欧米諸国の相対的な地位低下の兆しが見え始めていた．そこに「成長の限界」があるとなると，もはや成長はあきらめて，せめて現状を維持しようという動機づけが先進国には働く．有名なハーディンの「コモンズの悲劇」(1968 年) には，人口過多で人類は破滅するので生殖の自由は認めてはいけない，とまで書かれている．

しかし，非再生可能資源を使用し続ける限り，いずれは枯渇する．また，ある時点での成長の停止と社会の固定化は，その時点の格差や困窮も世代を超えて固定化しようとする目論見に他ならない．

そうした中，アメリカの生態経済学者ハーマン・デイリーは同じ 1972 年に「定常状態経済」を提唱した．今では「持続可能な開発の 3 原則」とも呼ばれるポイントは，

(1) 再生可能な資源は，再生速度を超える速度で収奪してはならない

(2) 汚染は，環境が無害化できる速度を超えて排出してはならない

(3) 非再生可能資源は，それを代替する再生可能資源のその減耗分に見合った開発が必要である

である．最初の 2 つは自明であろう．3 つ目については，たとえば化石燃料資源を燃やして発電していたのを太陽光パネルや風力などに置き換えていく

といった，まさに現在進行しつつある取り組みに対応している．

　非再生可能資源も含めて自然資本が維持されない限り持続可能ではないという見解が「強い持続性」と呼ばれるのに対し，そうした自然資本は人工の資本で置き換え可能であるという見解は「弱い持続性」と呼ばれる．考えてみれば，私たちは照明を得たり，動力を得たりしたいのであって，化石燃料を燃やしたいわけではない．電力供給というサービスが維持されれば，それがどのように提供されても構わないわけであり，弱い持続性の実現を目指すのもよいのではないだろうか．

持続可能な開発

　環境と開発に関する世界委員会が1987年に発表したブルントラント報告書「我ら共通の未来」は「将来世代の欲求を満たしつつ，現在の世代の欲求も満足させるような開発」である持続可能な開発（sustainable development）は可能であるとした．開発（develop）という英単語は古フランス語で「ほどく／開く」を意味する desveloper が語源で，包む（veloper）に否定の接頭辞 des がついている．すなわち，生来の機能や才能が何らかのベールに包まれて隠されているところ，そのベールを取り去って発現させるのが develop なのである．元々の develop には自然を破壊するといったニュアンスはなく，むしろ本来の能力を発揮させるようにする，という肯定的な意味を持つ．

　とはいえ，開発と環境保護とは相容れないという考えも根強かったが，2001年のミレニアム開発目標（MDGs: Millennium Development Goals）を経て，2015年には，持続可能な開発目標（SDGs: Sustainable Development Goals）がアジェンダ2030に掲げられ，現在では経済，社会，環境という持続可能な開発の3側面の調和が謳われるようになっている．

気候変動の費用便益

　人為的な気候変動が科学的に予測されるようになって50年以上が経ち，国際政治の議論の俎上に上るようになってからでも30年以上が過ぎている．もし少しの労力，経済的投資で気候変動を止められるのであればとっくに対

策がなされ，1985 年のウィーン条約で破壊物質であるフロンの排出規制が始まったオゾンホールのように，よい方向への推移を見守る段階になっているはずである．なぜ気候変動対策，とくに抜本的な対策である GHG 排出削減（緩和策）は思うように進まないのだろうか．

その 1 つの理由は，緩和策に必要な費用と，それによって軽減される被害とが同じくらいの額だからであろう．著者らの推計（Oda *et al.*, 2023）では，どのような社会が構築されるかにもよるが，2010-2099 年の 90 年間に緩和策として 46-230 兆ドルを投じる必要があり，それによって，23-145 兆ドル分の被害が軽減できる．なお，回避可能な気候変動の悪影響の経済評価については，手法によるばらつきも大きい上に，大気汚染の削減や持続可能で健康的な食生活への移行といった緩和策に伴う健康被害軽減の便益，一方で文化的価値や国の喪失，あるいは移民の増加といった非経済的損失や損害がこれらの推計値には今のところ含まれていない点に注意が必要である．

また，軽減可能な被害のかなりの部分は生物多様性損失の回避であり，生物多様性の保全に価値を見出さない人にとっては，気候変動対策の意義を理解しにくいだろう．さらに，緩和費用を負担するのが主に近未来の先進国であるのに対し，被害を受けるのは将来のグローバルサウスに暮らす人々である．そういう観点からは世界全体での費用便益分析は実は無意味であり，気候変動の原因を作ってきたこれまでの先進国と被害を受ける途上国や次世代との看過しがたい不公正をいかにして糺すか，という気候正義（6.4.3 項参照）の問題と捉える必要がある．逆に，そうした不公正に対して鈍感である人々からは，やはり気候変動対策への理解を得にくい．

生物多様性の維持または回復や持続可能な開発への支持があってこそ気候変動対策も進むという意味では，これらを別々に考えるのではなく，一体として推進すべきであり，実際，気候変動に対して強靭な開発，という概念が提唱されている（4 章）．

気候変動問題は危機的か

気候変動対策の推進のために危機的状況を訴えるのも一部の人々に対しては効果的だが，戦争，自然災害，パンデミック，経済危機，サイバー危機，

資源枯渇といったさまざまなグローバルリスクの1つとして受け止められるだけで，具体的な行動には結びつきにくい．

　全球平均気温が 1.5℃ を超えると，可能性は低いがいったん生じると甚大な被害をもたらす不可逆現象が生じる可能性が高くなる（コラム 1.2），1.5℃ 以内に抑えるためには 2050 年までにカーボンニュートラルを実現する必要があり，そのためには 2030 年までに全世界の GHG 排出を半減する必要がある，というのは科学的にはおおむね正しい．しかし，そうした可能性は低いが甚大な被害をもたらすような現象についての科学的な理解は未だに不十分であり，1.5℃ を超えた際にどの程度の可能性でどんな現象が何年間かけて生じ，その結果どんな被害が人間社会や生物多様性に及ぶのかという推計の不確実性はきわめて高い．

　期限を区切って焦らせ，じっくり考えていないでとにかく行動を起こせ，と促すのはオンラインショッピングなどでダークパターンとも呼ばれる典型的なやり方である．効果的な相手や状況もあるだろうが，反発や無力感を招いたりして逆効果な場合もある．危機を訴えないと世間の耳目も引かず，政治や社会も動かず予算や投資に期待できないというのはわかるが，反社会的な行動で世間に訴えようとする若者や，生まれてくる子供の将来を悲観して子供を持たない選択をする人々が出てくるまで追い込むのはさすがにやりすぎだと本節の著者は憂う．予防原則（人間健康や環境への重大かつ不可逆的な影響に対しては，科学的不確実性が高くとも規制は許容されるという考え方）を適用するにしても，どう重大な影響が懸念されどんなリスクは看過できないかについて，利用可能な科学的知見と多様な関係者間の合議に基づく社会全体の合意が必要だろう．

22 世紀に向けて

　気候変動に限らず，地球環境問題の根底には人口増大と経済発展がある．先に述べた通り（図 1.2），今の若者は地球が最も人類で混みあっている時代を生きることになる．現状のままでは気候変動は進行し，2℃，あるいはもう少し全球平均気温が上昇するだろう．そして，現在でも脆弱な環境に置かれている私たちの仲間が困難な状況に直面するはめになるだろう．なぜそう

なるのか，どういう解決策があり得るのか，どうすればよりよい方向に社会が向かうようになるのか，本書をじっくり読み込んで理解し，周囲の方々と議論し，考え，ともに行動に移していただければ，と心から期待している．

コラム 1.4　気候変動の懐疑論・否定論　　　　　　　　　　　　　　　江守正多

「地球温暖化の原因はよくわかっていない」，「地球が温暖化しても心配する必要はない」，「気候変動の対策をしても意味がない」などといった，通説とは異なる主張をインターネット上などで目にすることがあるだろう．これらの多くは，気候変動対策を遅らせる目的で意図的に流されているもので，気候変動の懐疑論（skepticism）や否定論（denialism）と呼ばれる．

　日本で地球温暖化への関心が高まった 2007 年ごろには多彩な懐疑論・否定論の論客（気候変動が専門外の大学教授等）が現れたが，気候変動の科学がいよいよ堅固となり，行政でもビジネスでも脱炭素（コラム 5.1 参照）が主流化した昨今では，懐疑論・否定論を唱える人は限定的になった．しかし，社会が保守とリベラルに二極化しているアメリカでは，トランプ前大統領に象徴されるように，保守派には気候変動懐疑論・否定論に同調的な人が未だに多い．

　懐疑論や否定論の多くは，化石燃料産業とつながりを持つアメリカやイギリスなどの保守系シンクタンクや関連する論客[2]から組織的に発信されている．日本で流れている懐疑論・否定論も目新しいものは元ネタが英語圏から来ていることが多く，英語で検索するとしばしばファクトチェック[3]が見つかる．

　気候変動の懐疑論・否定論の活動を詳細に論じたアメリカの科学史家ナオミ・オレスケスらによれば，同様の活動はタバコや化学物質の健康への悪影響の懐疑・否定などでも行われてきており，歴史的に繰り返されている（オレスケス・コンウェイ，2011）．それらにおいては，産業活動への規制を遅らせるために「まだわからないことがあるのだから規制は時期尚早だ」という印象を人々に与えることが共通した戦略である．

---

[2]　https://www.desmog.com/climate-disinformation-database/ に詳細なリストがある．

[3]　https://www.factcheck.org/issue/climate-change/ などで発信されている．

懐疑論・否定論に同調的になる人々の動機はさまざまなものが考えられる．気候変動対策がビジネス上の困難や負担に感じられる人たち，経済活動への政府の介入を嫌う市場原理主義・新自由主義的な考えを持つ人たち，気候変動対策の必要性を説かれるとエリート主義的な理想論のように感じられて反発したくなる人たち，などである．また，日本特有の現象として，原子力発電に反対する人たちの一部が，「気候変動は原発推進の口実」とみなして懐疑論・否定論に同調する例が，2011年の福島第一原発事故後の脱原発運動の中でとくによくみられた．

　懐疑論・否定論は科学的な証拠に基づかなかったり，科学的知見を不正確に，偏った形で参照したりしているものが多い．一方で，同様に科学的に不正確でありつつ懐疑論・否定論とは反対方向に偏った，気候変動の深刻さを過大に主張する情報などがメディア等にみられれば，こちらにも同様に注意をする必要がある．

　気候変動対策は世界的にみて必要なペースで進んでいないため，対策を加速すべきと考える人たちは，当然，気候変動の深刻さを多くの人に理解してもらうためのメッセージを発信しようとするだろう．これに対抗するようにして，対策をさらに遅らせたいと考える人たちが，そのためのメッセージとして懐疑論・否定論を発信している．このようなコミュニケーション上の戦いが繰り広げられているという認識を持って，気候変動に関して世に出回る情報をみていく必要があるだろう．

1.5　気候はどう変わってきたのか　　　　　　　　　　木野佳音

　現在の地球大気の主要な化学成分は，窒素（N_2）が約78%，酸素（O_2）が約21%を占めており，近年急激に濃度が増加し世界的な問題と認識されている二酸化炭素（CO_2）の濃度は約0.04%（400 ppm）にすぎない．しかし，このような状態は一定ではなく，気候，生態，人間といったシステムの相互作用（詳細は2章）とともに，46億年の地球の歴史（地球史）を通じて大気組成は劇的に変化し続けてきた．そこでは，気候・生態・人間システムの外の，太陽から地球に届く日射量の変化，プレート運動や火山活動による地球内部からの物質供給などといった，より時間スケールの長いシステムも重要

な役割を果たしてきた．本節では，大気の CO_2 と O_2 の濃度や生物の進化・絶滅を主軸に，地質時代を概観することで，地球の気候が 46 億年間でどのように変わってきたのか，また，人類が急速に掘り起こしている鉄や化石燃料がいつどのようにして形成されたかを示す．

暗い太陽のパラドックスと全球凍結（先カンブリア時代：46 億〜 5 億 4 千万年前）

　地球の大気組成の変遷について述べる前に，「暗い太陽のパラドックス」に触れておこう．太陽は水素の核融合反応により輝いており，恒星進化理論に基づけば，地球が誕生した当初の太陽は現在よりも暗く，地球に届く太陽放射は現在の 70 % 程度だったと推定されている．地球の大気組成が地球史を通じて現在と同様であったと仮定した場合，約 20 億年前よりも前は地球の平均気温が 0 度未満であり，地球は凍結状態にあったことになる（田近，2011）．しかし，地質学的な証拠は約 20 億年前以前にも地球上に液体の水が存在したことを示している．暗い太陽のパラドックスは，CO_2 やメタン（CH_4）といった温室効果ガス（GHGs: Greenhouse Gases）の濃度が過去には大幅に高かったと考えることで，解決することが可能である．実際，地球誕生から数十億年の間の大気の CO_2 濃度は，現在の数百倍以上も高かったと推定されている．地球誕生当初の大気の主成分は N_2 や CO_2 であったと考えられており，O_2 はほとんど含まれていなかった（図 1.13）．地球上で最初

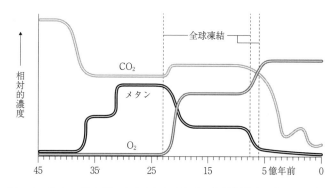

図 1.13　過去 45 億年間の主な大気組成気体の相対的濃度の変遷の概念図（Kasting, 2004 をもとに作成）．
　5 億 4 千万年前以降の定量的な変遷については，図 1.14 を参照すること．

に誕生した生物は，水素などの還元的な物質を用いる微生物だったのではないかと考えられている．そしてその後出現した O_2 発生型の光合成を行うシアノバクテリアは，地球環境に劇的な変化をもたらした．海水中の酸素は鉄イオンを酸化し，海底に大量に沈澱させた．こうして形成された縞状鉄鉱層は，現在の鉄資源の 70% 以上を供給している．

地球史を通じて，地球の環境は基本的には凍結状態にはなく温暖だったと考えられている．しかし，少なくとも 3 回，「全球凍結（スノーボールアース）」状態と呼ばれる，大陸も海洋も氷に覆われた期間があったことが判明している．興味深いことに，3 回の全球凍結状態はそれぞれ O_2 濃度の急上昇と近い時期に発生している（図 1.13）．このうち 1 回目については，次のような可能性が議論されている．全球凍結中の長期にわたる火山活動により CO_2 が放出され大気に蓄積することで，その温室効果が一時的な高温環境を形成し，氷が急速に融解することで全球凍結の終焉につながった．その後，大陸地殻の化学風化が促進され，リンなどの栄養塩の河川流出により海洋が富栄養化し光合成活動が活発化することで，大気の O_2 が増加する「大酸化イベント」がもたらされた（田近，2011）．

生物の多様化と陸上進出（古生代：約 5 億 4 千万年～2 億 5 千万年前）

大気 O_2 の急増に伴い，O_2 を利用してエネルギーを得る好気性生物が台頭し，多細胞生物へと進化した．約 5 億 4 千万年前，硬い骨格を持ったさまざまな生物が突然出現した（カンブリア爆発）．これ以降の時代は地質時代で顕生代と呼ばれる．顕生代は古生代・中生代・新生代に分けられ，さらに「紀」（例：白亜紀），「世」（例：完新世），「期」（例：チバニアン期）といった下位区分が国際地質科学連合（IUGS: International Union of Geological Sciences）により設けられている[4]（図 1.14a 上横軸）．

古生代のカンブリア紀やオルドビス紀に登場した生物は主に海洋に生息していた．陸上で生物が繁栄するようになったのは，シルル紀以降とされる．植物の器官が発達し，デボン紀にはシダ植物が大陸上で繁栄するようになっ

4　地質時代の年代値および名称は，国際年代層序表 v2022/10 に基づく．最新版は，日本地質学会の HP より入手可能．https://geosociety.jp/name/content0062.html

た．石炭紀になると，裸子植物が森林を形成し，大気 O_2 の増加に適応した巨大な昆虫類が生息していた．

　大森林の形成は大陸上の土壌の安定ももたらした．土壌は，岩石などが物理的・化学的な風化作用により変質したものに有機物が混ざったものである．剝き出しの土壌は雨によりすぐに侵食され流されるが，森林の発達により植物の根や微生物が存在するようになったことで，土壌が地表面に保たれやすくなった．土壌の安定により，微生物による有機物の分解や化学風化作用が大きく促進された．古生代の終わり頃には CO_2 の減少と O_2 の増加が進行した．大気の CO_2 濃度の低下は寒冷化を招き，当時南半球にあったゴンドワナ大陸が大規模な氷床で覆われた．

　石炭紀やペルム紀には，陸上に進出した植物がリグニンやセルロースで巨大な体を支えていた．当時のバクテリアはこれらの新しい有機物を分解することができず，大量の有機物が分解されずに埋没した．われわれが現在掘り起こして利用する石炭の多くは，この時代の有機物が起源である（田近，2011）．

　古生代末（ペルム紀末）の大量絶滅は地球史上最大の絶滅で，種の絶滅率が約 86% と推定されている．シベリア付近で大規模な火山活動が発生したことで大量の CO_2 が大気へと放出され温暖化が引き起こされたことによって，多くの海洋・陸上生物が絶滅したなどと考えられている（丸岡，2010）．

中生代の覇者，恐竜の隆盛と絶滅（中生代：約 2 億 5 千万〜 6600 万年前）

　古生代末の大量絶滅を生き残った生物は進化を続け，恐竜類や鳥類が出現した．それらは，肺に加えて気嚢という空気を入れる袋を持ったことで，中生代に入って以降の大気 O_2 の乏しい環境（図 1.14a）で繁栄できたとも考えられている．O_2 濃度が低下した一方，CO_2 濃度は上昇し（図 1.14），気候は温暖化した．とくに温暖だった白亜紀には，CO_2 が 1000 ppm 以上に達したとも推定されている（図 1.14）．白亜紀の海底では，「海洋無酸素事変」と言われる海洋における循環の停滞あるいは富栄養化によって海洋中が貧酸素状態となり，大量の有機炭素が分解されないまま海洋底に堆積することがたびたびあった（平野，2006）．こうして生じた黒色頁岩は，熱変成を経ることで

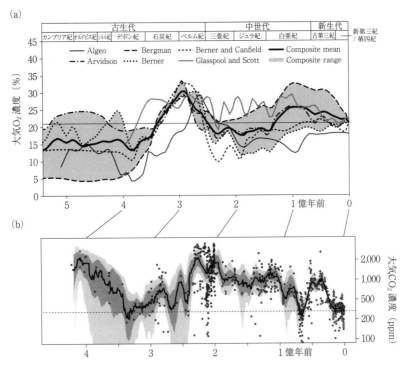

図 1.14 (a) 過去 5 億 4 千万年間の大気 O$_2$ 濃度 (Wade *et al.*, 2019 をもとに作成). 各線は異なる復元をそれぞれ示す.

(b) 過去 4 億 2 千万年間の大気 CO$_2$ 濃度 (Foster *et al.*, 2017 をもとに作成). 多数の復元データ (各図形) をもとに局所回帰した結果を細線で, 68% と 95% 信頼区間を濃い網と薄い網でそれぞれ示した. また, 産業革命前の大気 CO$_2$ 濃度 (278 ppm) を水平破線で示した.

石油となった. 全世界の石油や天然ガスの 50% 以上は, ジュラ紀や白亜紀に形成されている.

　白亜紀末の大量絶滅について, かつては複数の説が存在したが, 現在では 1980 年にアルバレス親子が提唱した隕石衝突説が広く受け入れられている. ユカタン半島付近に落下した隕石は, 直径が約 10 km, 衝突時のエネルギーが原子爆弾約 10 億個分だったとも推定されている. 衝突がもたらした火災, 津波, 成層圏にまで到達した粉塵による急激な寒冷化や環境変化は, 約 76% の種を絶滅に追いやった.

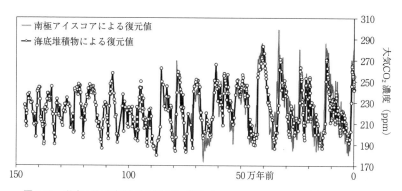

図 1.15　過去 146 万年間の大気 CO_2 濃度（Yamamoto *et al.*, 2022 をもとに作成）
南極アイスコアに含まれるガス分析による復元（灰色線）とベンガル湾堆積物中の植物脂肪酸炭素同位体比による復元（白丸黒線）.

寒冷化，そして人類の時代へ（新生代：約 6600 万年前～現在）

　白亜紀後期から新生代にかけて，CO_2 濃度は低下傾向をたどった（図 1.14b）. 新生代の古第三紀は比較的温暖で，中生代末の大量絶滅を生き延びた哺乳類などが飛躍的な進化を遂げた. プレート運動により大陸分裂が進行し，およそ 3400 万年前には南極大陸とオーストラリアや南米大陸間に海峡が形成され，南極周極流が成立した. これにより暖かい海流が南極へ届かなくなったのと同時に，南極の氷床が発達した. また，ユーラシア大陸とインド亜大陸の衝突によりチベットが隆起し始めた. 新第三紀には，イネやコムギ，トウモロコシなどの草木を中心とした生態系が発達した. なお，アフリカにおいてヒトとチンパンジーが分岐したのが，およそ 700 万年前と推定されている（川幡, 2022）.

　プレート運動に伴って大西洋の拡大が続き，約 300 万年前には太平洋と大西洋を結ぶ中米のパナマ海峡が閉鎖し，現在の海洋大循環がおおよそ形成された. 約 260 万年前以降の第四紀では，温暖で氷床量の少ない間氷期と，寒冷で大規模な氷床が北米やヨーロッパに形成された氷期とが，数万年周期で繰り返される「氷期・間氷期サイクル」が特徴的である（図 1.15）. 19 世紀末に CO_2 の温室効果を発見したアレニウスは，氷期・間氷期サイクルの要因を CO_2 の濃度の変化に求めた（1.5 節）. しかし現在では，天文学的な要因

での日射量変動に基づいて説明するミランコビッチ仮説が広く受け入れられている（大河内，2015）．氷床量変動とよく同期した CO_2 濃度の変動（図1.15）については，気候システムと生態システムの相互作用の結果として理解されるようになってきた（炭素循環の概要については2.2節を参照）．

氷期は間氷期に比べて気候が不安定な傾向にあった．氷期のグリーンランドでは，数十年で10℃という急激な気温変動が，約1500〜3000年の不規則な間隔で何度も発生していたことが，氷床コアに記録されている（「ダンスガード・オシュガーサイクル」と呼ばれる）．このことは，北大西洋で表層の冷たく高塩分の水が深層へ沈み込む「大西洋子午面循環」が強まったり，弱まったりした結果と考えられている．ダンスガード・オシュガーサイクルは，北大西洋に面した北米やヨーロッパだけでなく，南極氷床コアや日本海の堆積物などにも記録されており，世界的な現象だったことがわかっている（多田，2013）．

第四紀のうち約1万2千年前に始まった最後の間氷期を完新世という．完新世に突入してから産業革命を迎えるまでの間，CO_2 濃度はおよそ260〜280 ppm を推移していた．氷期と比較すると間氷期の気候は比較的安定していたものの，さまざまな空間スケールにおいて気候，生態，そして人間システムの変化が起きていたことが知られている．

たとえば，天文学的要因による日射量変動が引き起こした中期完新世気候最適期は，四大文明などの古代文明が栄えた時期と重なる．興味深いことに，多くの考古学研究は主要な古代文明がほぼ同時期（約4200年前）に衰退したことを報告している．この現象には，気候システムの内部変動（3章）であるエルニーニョ・南方振動の振舞いの変化やモンスーンの弱化などによる世界的な寒冷化・乾燥化が影響した可能性が指摘されている（平林・横山，2020）．

ヨーロッパにおいては，およそ10〜14世紀の比較的温暖な時期を「中世温暖期」，その後19世紀までの寒冷な時期を「小氷期」と呼び，気候と人間社会の変容との関連が議論されることが多い．これらの寒暖気候の変化は，太陽活動の強弱による日射変化や大規模な火山噴火による放射変化（2.3節）が，気候や生態システムの内部変動と組み合わさることで生じたとされている．

コラム1.5　地球史における人間活動の位置づけ（人新世）　　木野佳音

　「人新世（Anthropocene）」という言葉が誕生したのは，2000年に開催された地球圏・生物圏国際共同研究計画（IGBP: International Geosphere-Biosphere Programme）の会議だった．（なお，JIS規格に従えば，「じんしんせい」と音読みする．）副議長のクルッツェンらは，人間の活動が地球環境に与える影響は重要であり，完新世に続く新たな地質時代として人新世と定義すべきだと提案した．2009年には，IUGS下の国際層序委員会の第四紀層序学小委員会内に人新世作業部会が設置され，具体的な検討が開始された．そこでは，1950年頃以降が人新世とされ，1954年のマーシャル諸島での水爆実験のシグナルを正確に捉えている日本の別府湾を含む12地点が「国際標準模式地（GSSP: Global Boundary Stratotype Section and Point）」の候補に名乗りを挙げていた（齋藤，2022）．

　しかし，2024年3月，第四紀層序学小委員会が人新世作業部会の提案書を否決し，人新世が正式な地球科学の用語となることは立ち消えた．人新世は1つの地質時代というよりもむしろ，大酸化イベントやカンブリア爆発のような地球史における大転換イベントの1つと認識されるべきである，との結論にいたったのである（IUGS, 2024）．IUGSの決定の是非に関する議論はここでは割愛するが，このようなフレーミング（コラム1.2）は，俯瞰的な視点として，「気候と社会」を考える上で欠けてはならないものである点だけ強調しておきたい．

1章　引用・参考文献

Armstrong McKay, D. I. *et al.* (2022) Exceeding 1.5℃ global warming could trigger multiple climate tipping points. *Science*, **377**(6611), eabn7950. https://doi.org/10.1126/science.abn7950

Bassino, J.-P. *et al.* (2018) *Japan and the Great Divergence, 730–1874*, CEI Working Paper Series 2018-13, Center for Economic Institutions, Institute of Economic Research, Hitotsubashi University.

Byers, E. *et al.* (2022) AR6 Scenarios Database [Data set]. Climate Change 2022: Mitigation of Climate Change (1.1). Intergovernmental Panel on Climate Change. https://doi.org/10.5281/zenodo.7197970

Chancel, L. (2022) Global carbon inequality over 1990–2019. *Nature Sustainability*, **5**(11), 931–938. https://doi.org/10.1038/s41893-022-00955-z

Daigneault, A. *et al.* (2022) How the future of the global forest sink depends on timber demand, forest management, and carbon policies. *Global Environmental Change*, **76** (102582). doi: 10.1016/j.gloenvcha.2022.102582

Dellink, R. *et al.* (2017) Long-term economic growth projections in the Shared Socioeconomic Pathways. *Global Environmental Change*, **42**, 200–214. doi: 10.1016/j.gloenvcha. 2015.06.004

Energy Institute – Statistical Review of World Energy (2023), Smil (2017) – with major processing by Our World in Data. Primary energy from other renewables [dataset]. Energy Institute, Statistical Review of World Energy; Smil, Energy Transitions: Global and National Perspectives [original data].

FAO, Land Use, License: CC BY-NC-SA 3.0 IGO. Extracted from: https://www.fao.org/ faostat/en/#data/RL. Data of Access: 24-11-2023.

Foster, G. L. *et al.* (2017) Future climate forcing potentially without precedent in the last 420 million years. *Nature Commun.*, **8**(1), 14845. https://doi.org/10.1038/ncomms14845

Fujimori, S. *et al.* (2018) Gridded emissions and land-use data 2005–2100: Broad range of socioeconomic and climate mitigation assumptions, Harvard Dataverse, V6. https://doi. org/10.7910/DVN/4NVGWA

Fukao, K. *et al.* (2015) *Regional Inequality and Industrial Structure in Japan: 1874–2008*, Maruzen Publishing.

Gidden, M. J. *et al.* (2019) Global emissions pathways under different socioeconomic scenarios for use in CMIP6: a dataset of harmonized emissions trajectories through the end of the century. *Geosci. Model Dev. Dev.*, **12**, 1443-1475. doi: 10.5194/gmd-12-1443-2019

Glanemann, N. *et al.* (2020) Paris Climate Agreement passes the cost-bene fit test. *Nature Commun.*, **11**, 110. https://doi.org/10.1038/s41467-019-13961-1

Goldewijk, K. K. and G. van Drecht (2006) HYDE 3: Current and historical population and land cover. In: Bouwman, A. F. *et al.* (eds), *Integrated modelling of global environmental change, An overview of IMAGE 2.4*. Netherlands Environmental Assessment Agency, Bilthoven, The Netherlands.

Hänsel, M. C. *et al.* (2020) Climate economics support for the UN climate targets. *Nature Climate Change*, **10**, 781–789. https://doi.org/10.1038/s41558-020-0833-x

Hardin, G. (1968) The Tragedy of the Commons, *Science*, **162**(3859), 1243-1248.

Hulme, M. (2009) *Why we disagree about climate change: Understanding controversy, inaction and opportunity*, Cambridge University Press.

IUGS (2024) The Anthropocene. https://www.iugs.org/_files/ugd/f1fc07_40d1a7ed58de 458c9f8f24de5e739663.pdf?index=true

Jones, B. and B. C. O'Neill (2016) Spatially explicit global population scenarios consistent with the Shared Socioeconomic Pathways. *Environ. Res. Lett.*, **11**, 084003. doi: 10.1088/ 1748-9326/11/8/084003

Kasting, J. F. (2004) When Methane Made Climate. *Sci. Amer.*, **291**(1), 78-85. https:// doi.org/10.1038/scientificamerican0704-78

Manabe, S. and R. T. Wetherald (1967) Thermal equilibrium of the atmosphere with a given distribution of relative humidity, *J. Atmos. Sci.*, **23**(3), 241-259.

Oda, T. *et al.* (2023) Total economic costs of climate change at different discount rates for market and non-market values, *Environ. Res. Lett.*, **18**, 084026.

Pales, J. C. and C. D. Keeling (1965) The concentration of atmospheric carbon dioxide in Hawaii. *J. Geophys. Res.*, **70**(24), 6053-6076.

Ramankutty, N. and J. A. Foley (1999) Estimating historical changes in global land cover: Croplands from 1700 to 1992. *Global Biogeochemical Cycles*, **13**(4), 997-1027. doi: 10.1029/1999GB900046

Riahi, K. *et al.* (2017) The Shared Socioeconomic Pathways and their energy, land use, and greenhouse gas emissions implications: An overview. *Global Environmental Change*, **42**, 153-168. doi: 110.1016/j.gloenvcha.2016.05.009

Rogelj, J. *et al.* (2018) Scenarios towards limiting global mean temperature increase below 1.5℃. *Nature Climate Change*, **8**, 325-332. doi: 10.1038/s41558-018-0091-3

The Conference Board Total Economy Database™, April 2023.

The human cost of disasters: an overview of the last 20 years (2000–2019), UNDRR. https://www.undrr.org/publication/human-cost-disasters-overview-last-20-years-2000-2019

United Nations, Department of Economic and Social Affairs, Population Division (2022) World Population Prospects 2022, Online Edition.

U. S. Energy Information Administration, INTERNATIONAL ENERGY OUTLOOK 2023.

Wade, D. C. *et al.* (2019) Simulating the climate response to atmospheric oxygen variability in the Phanerozoic: a focus on the Holocene, Cretaceous and Permian. *Climate of the Past*, **15**(4), 1463-1483. https://doi.org/10.5194/cp-15-1463-2019

World Bank (2023) Maddison Project Database 2020 (Bolt and van Zanden, 2020); Maddison Database 2010 (Maddison, 2009) – with major processing by Our World in Data. "Global GDP over the long run – World Bank, Maddison Project Database – Historical data" [dataset]. World Bank, World Bank World Development Indicators; Bolt and van Zanden, Maddison Project Database; Angus Maddison, Maddison Database 2010 [original data]. Retrieved February 13, 2024 from https://ourworldindata.org/grapher/global-gdp-over-the-long-run

Yamamoto, M. *et al.* (2022) Increased interglacial atmospheric CO_2 levels followed the mid-Pleistocene Transition. *Nature Geosci.*, **15**(4), 307-313. https://doi.org/10.1038/s41561-022-00918-1

石 弘之 (2012) 歴史を変えた火山噴火――自然災害の環境史, 刀水書房.

大河内直彦 (2015) チェンジング・ブルー――気候変動の謎に迫る, 岩波書店.

オレスケス, N.・コンウェイ, E. M. (2011) 世界を騙しつづける科学者たち (上・下) (福岡洋一訳), 楽工社.

川幡穂高 (2011) 地球表層環境の進化――先カンブリア時代から近未来まで, 東京大学出版会.

川幡穂高 (2022) 気候変動と「日本人」20万年史, 岩波書店.

環境研究総合推進費 2-1805 成果 (日本版 SSP 市区町村別人口シナリオ第 2 版).

厚生労働省大臣官房統計情報部, 第 19 回 生命表(完全生命表), 厚生労働省. https://www.mhlw.go.jp/toukei/saikin/hw/life/19th/index.html(最終閲覧日:2024/02/10)

斎藤幸平(2020)人新世の「資本論」, 集英社.

齋藤文紀(2022)地質年代区分の国際基準(GSSP)と人新世. 学術の動向, **27**(11), 78-81.

数研出版編集部(2014)もういちど読む数研の高校地学, 数研出版.

杉山昌広(2024)気候変動——IPCC と科学的アセスメント. EBPM の組織とプロセス——データ時代の科学と政策(佐藤靖ほか編), 東京大学出版会.

総務省統計局, 第 73 回日本統計年鑑.

多田隆治(2013)気候変動を理学する——古気候学が変える地球環境観, みすず書房.

田近英一(2009)地球環境 46 億年の大変動史, 化学同人.

田近英一(2011)大気の進化 46 億年 O_2 と CO_2——酸素と二酸化炭素の不思議な関係, 技術評論社.

日本エネルギー経済研究所計量分析ユニット(2022)EDMC/ エネルギー・経済統計要覧(2022 年版), 理工図書.

日本地球惑星科学連合(2020)地球・惑星・生命, 東京大学出版会.

農林水産省森林整備部計画課, 森林面積蓄積の推移, 農林水産省. https://www.rinya.maff.go.jp/j/keikaku/genkyou/h19/2_2.html(最終閲覧日:2024/02/10)

氷見山幸夫(2006)アトラス——日本列島の環境変化, 朝倉書店.

平野弘道(2006)絶滅古生物学, 岩波書店.

平林頌子・横山祐典(2020)完新統 / 完新世の細分と気候変動. 第四紀研究, **59**(6), 129-157. https://doi.org/10.4116/jaqua.59.129

丸岡照幸(2010)96 % の大絶滅——地球史におきた環境大変動, 技術評論社.

森田優三(1944)人口増加の分析, 日本評論社.

米本昌平(1994)地球環境問題とは何か, 岩波新書.

ワート, スペンサー・R 著, 増田耕一・熊井ひろ美訳(2005)温暖化の《発見》とは何か, みすず書房.

2 気候，生態，人間というシステム

　ここでは，気候変動と社会の関わりを，気候システム，生態システム，人間システムという3つのシステムの相互作用として捉える．気候システムは主に物理的な過程を通して寒暖や乾湿など気候の状態を決め，生物生存や人間活動を制約する条件を与える．生態システムは気候から制約を受けると同時に，二酸化炭素（CO_2）等の物質に対する化学的および生物的作用を通して気候を制約する要因となる．人間システムは気候や生物から制約を受けつつそれらを利用することで成立しているが，人間活動の拡大が気候システムや生態システムの大きな攪乱をもたらしている．各システムはさまざまな構成要素の相互作用で形作られるが，個々の構成要素の振舞いからシステム全体の振舞いを単純には予測できない複雑系である．それらの相互作用によるさらなる複雑系として気候と社会の関係性が存在するが，システム間相互作用がもたらす影響や波及効果を知る上でも，各システムを定義しその振舞いを理解することが有効である．

2.1　気候システム　　　　　　　　　　　　　　　　　羽角博康

気候システムの構成要素

　地球環境はさまざまな要素が相互に影響を及ぼし合いながら形作られている．地球環境を総合的に理解する上では，それら要素からなる複雑系としての「地球システム」という概念が用いられる．地球システムは異なる特性を持ついくつかの「圏」で構成されると捉えられる．圏の分類方法は一意ではないが，典型的には気圏，水圏，地圏，雪氷圏，生物圏に分類される．

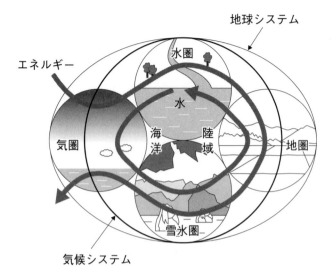

図 2.1　地球システム（生物圏を除く）と気候システム，および
システム内をめぐる共通変数

　気圏は高度数万キロメートル，地圏は地下数千キロメートルにも及ぶが，
地球環境の中でも地表面付近の気候に着目する場合には「気候システム」と
呼ばれる地表面に近い部分がとくに重要である（図 2.1）．すなわち，気圏で
は対流圏や成層圏と呼ばれる比較的下層の大気，地圏では大気と活発な熱お
よび水の交換が生じる地表面付近から深度たかだか数十メートルの範囲が主
な対象になる．水圏は陸水（河川，湖沼，地下水，土壌水）と海洋からなり，
すべてが気候システムの要素であるが，陸水は地圏表層部とあわせて陸域と
して扱われることが多い．雪氷圏もすべて気候システムの要素とされ，海上
には海水が凍った海氷と陸上の氷床が切離し流出した氷山が存在し，陸上に
は氷河や氷床という季節によらず存在する氷塊，夏季でも融解しない永久凍
土，および季節的な積雪が存在する．このうち，海氷は海洋の一部として，
積雪や永久凍土は陸域の一部として扱われることが多い．気候システムは，
これら各要素内部で生じる物理過程と要素間の物理的相互作用を中心として
考えられる．その意味において生物圏は気候システムの外にあるとみなされ
るが，物理過程と密接に関わる陸上植生や海洋低次生態系については気候シ

ステムに含めて考える場合もある．気候システムに関連する学問分野は理学，その中でも地球科学が主であるが，水やエネルギーが持つ資源の観点から工学にも及ぶ．

　なお，気候システムとして扱われるべき範囲は，対象とする現象や問題の時間スケールに依存することを注意しておく．上述の要素で定義される気候システムは，人為起源気候変動という百年程度の問題や，氷期間氷期サイクルという数万年程度の現象に対しては妥当である．しかし，たとえば中生代の非常に温暖な気候と現在の気候の間の変化を対象にする場合には十分ではなく，岩石風化や火山噴火などに関わる地圏の作用も取り入れる必要がある．その一方で，季節や数年という短い時間スケールの気候変動を扱う場合には，海洋深層や氷床など応答時間が長い要素を不変な境界条件として扱い，相互作用でなく一方向の影響のみを扱うことも可能である．

システムを形作る要素間のつながり

　特徴が大きく異なる要素が1つのシステムを形作る上では，要素間相互作用の実体を担う「共通変数」の働きが本質的であり，その共通変数の移動や釣り合いを視点としてシステムを理解することが有効である．気候システムにおける代表的な共通変数はエネルギー（熱）と水である（図 2.1）．

　地球システムに対しては，システム外部である宇宙空間から入るエネルギーのほぼ全量が太陽放射（可視光波長帯を中心とする電磁波）で説明される．気候システムに対しても同様であるが，扱う対象によっては地圏深部からのエネルギー流入（地熱）も考慮する必要がある．一方，地球システムないし気候システムから外部に出るエネルギーは，基本的には地球放射と呼ばれる赤外波長帯を中心とする電磁波である．長期的に安定な気候が維持される，すなわち気候システムの持つエネルギー量がほぼ一定であるとみなされるならば，気候システムが吸収する太陽放射量と放出する地球放射量の間の収支が釣り合っていることになる．逆に，その収支が釣り合わない状態が続くと，気候の大規模変動が生じる．

　気候システムに入った太陽放射は，一部が雲や地表面などで反射されて宇宙空間へ戻り，残りは大気や地表面（植生を含む陸表面および海洋表層百メ

ートル程度の範囲）で吸収される．一方，大気や地表面からは地球放射が放出され，その一部は気候システム内で再吸収される．吸収された放射エネルギーは熱（内部エネルギー）として気候システムを構成する各要素に蓄えられるが，その量には場所による違いがあり，それが大気や海洋に運動を引き起こす．運動はエネルギーを輸送し空間的に再分配する働きを持ち，大局的には蓄えられるエネルギーの場所による違いを緩和する．気候に緯度による寒暖差がある原因は受け取る太陽放射量が緯度によって異なることにあるが，その寒暖差が大気や海洋に大規模な循環をもたらし，それに伴うエネルギー循環は緯度による寒暖差を緩和している．もしこの緩和作用がなければ，地球上のほとんどの地域は極端な高温または低温のために生物の生存に適さない環境になってしまう．

　エネルギーは各要素内で循環するだけでなく要素間で交換され，気候システム全体にわたるエネルギー循環が形成される．互いに接する要素間に温度差があれば熱が交換され，その温度差が緩和される．われわれが感じる気候は主に地表面付近大気の状態であるが，このエネルギー交換のために，そこには海洋など他の要素におけるエネルギー循環も強く作用する．なお，各要素が持つエネルギーとしては熱以外に力学的エネルギー（位置エネルギー，運動エネルギー）も存在する．力学的エネルギーは各要素における運動やエネルギー循環を考える上では重要であるが，大気から海洋に渡される運動エネルギー（海洋上層数百メートルの運動，ひいてはエネルギー循環の主要因）を除くと，要素間のエネルギー交換において主要な役割を果たさない．

　水もまた，気候システム構成要素のすべての中に存在し，要素内を循環し要素間で交換される．エネルギーの場合と異なるのは，水には気候システム外部との間に出入りがほとんどなく，気候システム内部の循環のみが降水や乾湿という大気の状態，および土壌水や河川といった陸水の状態など気候の重要な側面を決定するという点である．そして，水の循環や交換は熱と密接に結びついている．気候システム内で水は気体，液体，固体の三態をとり，相変化（大気中の水蒸気が凝結して雲や降水になる変化など）による潜熱の解放や吸収を伴う水循環はエネルギー循環の側面も持つ．実際，大気のエネルギー輸送や大気海洋間および大気陸域間のエネルギー交換において，潜熱

の解放や吸収は主要な役割を担うものの1つである.

　エネルギーや水などの循環を通して気候を理解する上では，フィードバックという概念も重要である．フィードバックとは一般に，あるものからの出力が自分自身への入力として返ってくることを指す．気候科学においては専ら現象の変化を増幅または減衰する過程を指し，増幅の場合には正のフィードバック，減衰の場合には負のフィードバックと呼ばれる．たとえば，何らかの原因によって緯度方向の寒暖差が大きくなるという現象が生じた際に，緯度方向の寒暖差が駆動する大気や海洋の運動が強化されることにより，大きくなった寒暖差が緩和されるという過程が生じ得る．この場合にはその過程が負のフィードバックとして働いていることになる．フィードバックには複数の変数（エネルギーと水など）や複数のシステム（気候システムと人間システムなど）にまたがるものも存在し，複雑に絡み合うさまざまなフィードバックの働き方を紐解くことが各システムおよびシステム間相互作用を理解し予測するための重要な鍵となる．

気候システムへの人為的干渉

　気候システムへの人為的干渉を考える際にも，共通変数を軸とすることで根本的な原因や影響の波及を理解しやすくなる．とくに，それらの量に関して，人為的干渉がないもとでの安定な気候状態では収支が釣り合っているところ，局所的あるいはグローバルにその収支を撹乱することに対してシステムがどのように応答するかという観点で整理することは有用である．さらには，人為的干渉の結果として生じる変化におけるフィードバックを考慮することは，影響の大きさを考える上で重要である．

　地球温暖化という気候変動に対する最も重要な原因は，人間活動により大気中に放出される二酸化炭素（CO_2）である．大気の主成分は窒素と酸素であり，CO_2はわずか百分の数パーセントを占めるにすぎないが，CO_2は地球放射をとくに吸収しやすい性質を持つために気候システムのエネルギー収支に大きな影響を及ぼす．大気中にはCO_2以外にも地球放射を吸収しやすい微量気体が存在し，それらはまとめて温室効果ガス（GHG: Greenhouse Gas）と呼ばれるが，メタンや窒素酸化物といったGHGの濃度に対しても

人間活動は有意な影響を及ぼしている.

　なお, これら GHG の人為的排出が地球温暖化をもたらすにあたっては, 大気中の水蒸気を通したフィードバックの働きが本質的に重要である. 水蒸気は地球放射の吸収能力が格段に高い GHG であるが, その大気中濃度は気温や大気循環でコントロールされ, 人間活動が直接干渉できるものではない. しかし, CO_2 等の GHG の増加がもたらす気温上昇は大気中水蒸気量を増加させ, 増加した水蒸気が地球放射を吸収することによって気温上昇が増幅される.

　人間活動は GHG 以外を通しても, 気候システムのエネルギー収支に有意な影響を及ぼしている. その中でもとくに重要と考えられているのが, エアロゾルと土地利用である. エアロゾルは大気中の浮遊粒子の総称であり, 粒子自身が太陽放射を吸収または散乱することを通して (直接効果), あるいは雲凝結核となって雲や降水に影響することを通して (間接効果), 気候システムのエネルギー収支に影響を及ぼす. エアロゾルの中でも有機物の燃焼によって生じるブラックカーボン (煤), および窒素酸化物や硫黄酸化物から生じる粒子などには, 自然起源に加えて人為起源のものが有意に影響している. また, 土壌粒子は風による巻き上げという自然起源のものだが, 土地利用状態の人為的な変化が土壌粒子の発生に大きな影響を及ぼす場合もある. 森林や農地を主とした土地利用の変化は, 地表面が太陽放射を反射する効率 (アルベド) の変化を通して気候システムのエネルギー収支に影響を及ぼす. 農地としての土地利用は, 灌漑や取水という陸水利用が伴うことで, あるいはそれがなくても植物による土壌水利用の変化を通して, 気候システムの水収支にも影響を及ぼす.

2.2　生態システム　　　　　　　　　　　　　　　　　　羽角博康

気候における物質循環と生態システム

　二酸化炭素 (CO_2) も気候システム構成要素の間で常に交換される共通変数の1つである. 陸域および海洋と大気の間での CO_2 交換は, 大気中 CO_2 の全量が数年で入れ替わるほど活発に生じている. ただし, 陸域や海洋では

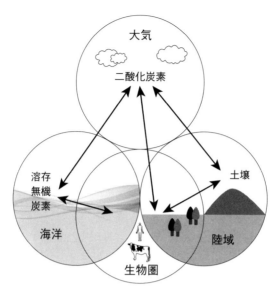

図 2.2　生態システムを通した炭素循環

CO_2 以外の物質に変換されて存在する部分が大きいため，気候の状態を強く支配する大気中 CO_2 濃度に対しては，炭素を含有するさまざまな物質の気候システム内での循環を考える必要がある．また，そうした物質変換には生物過程が主要な役割を果たすため，気候システムの炭素循環を考える上では生物圏の働きを取り入れる必要がある．生物とそれを取り巻く自然環境の相互作用が形作るシステムを生態系と呼ぶが，これは気候システムを含んだ概念である．また，気候システムの炭素循環を考える上では必ずしも生態系のあらゆる側面を考慮する必要はない．ここでは，生態系から気候システムを分離し，さらに炭素循環に関わる生態系の機能を抽出するという意味で，「生態システム」という別の概念を定義して考えることにする（図 2.2）．生態システムに関連する学問分野としては，気候システムの関連分野に加え，理学における化学や生物学，および農学が挙げられる．

　陸域に存在する炭素は，大気との CO_2 交換に（たかだか数万年以下の時間スケールでは）大きく寄与しない岩石等を除くと，ほとんどは生物起源の有機物として存在する．化石燃料を除いて考えると，陸域有機物の大半は土

壌（永久凍土を含む）中に存在し，1-2割程度がバイオマス（生物体）である．一方，海洋に存在する炭素のうち約99%は溶存無機炭素（気体CO_2が溶解したもの，およびそれが水と反応して作られる重炭酸イオンと炭酸イオン）が占めており，次いで堆積有機物や溶存有機物が多く，バイオマスが占める割合は0.01%程度にすぎない．しかし，バイオマスの全炭素量に対する比率が小さいことは，炭素循環において生物の働きが小さいことを意味するものではない．

　生物活動を定量的に表す指標の1つとして生物生産という概念が用いられ，それは生物が合成する有機物量として定義される．生物生産の中でも無機物からの有機物合成を基礎生産（または1次生産）と呼び，そのほとんどは植物の光合成による．したがって，気候システムとの相互作用という観点から生態システムの構成を考える上で，光合成植物は欠くべからざる出発点である．そして，光合成によってCO_2から生産された有機物がどのような過程によってCO_2に戻るかを軸に，生態システムの全体構成を考えることになる．

　陸域において植物は，基礎生産の主たる担い手であると同時に，バイオマスの90%以上を占める生態システムの中心要素である．光合成によってCO_2から合成された有機物のうちおよそ半量は植物自身の呼吸によってCO_2に戻り，残りが植物体となる．そして，植物体のうち多くの部分は動物による被食や枯死などを通して土壌有機物になり，土壌中の動物や微生物の呼吸によってCO_2に戻る．こうした植物と土壌を中心として構成される生態系が，陸域における生態システムの根幹である．なお，植物体がCO_2に戻る過程として森林火災も無視できないことを付け加えておく．

　海洋の総バイオマスは陸域の百分の一程度にすぎないが，基礎生産量は陸域に匹敵するため，海洋生態システムは陸域生態システムと同等に重要である．海洋基礎生産のほとんどは植物プランクトンによるが，海洋における植物バイオマスは総バイオマスの1-2割程度にすぎない．海洋における生態システムの構成としては，植物プランクトンとその主たる捕食者である動物プランクトンからなる低次生態系が根幹である．陸域生態システムは大気との間で直接CO_2を交換するが，海洋生態システムが光合成や呼吸を通して直接変化させるのは海水中の溶存CO_2であり，生態システムの影響を受けた

海面付近の海水 CO_2 濃度と海上大気 CO_2 濃度（正確には濃度でなく分圧）の間の違いが大気海洋間 CO_2 交換をもたらす．したがって，海洋生態システムを考える上では，海水中の溶存無機炭素の動態を同時に考慮する必要がある．また，海洋の場合には，生態システムの主構成要素が流れや重力によって顕著に動くことも重要な特徴である．これにより海洋には CO_2 を深層に送り込む機能があり，海面付近の溶存 CO_2 を減らすことを通して大気中 CO_2 濃度を低く保つ効果がある．

　生態システムを考える上では，生物体を作る炭素以外の元素についても同時に考える必要がある．植物の周囲に光と CO_2 が十分にあったとしても，生物体が必要とする他の物質が不足していれば，光合成を行うことはできない．実際，陸域でも海洋でも CO_2 が枯渇している場所はほとんどないが，他の物質が枯渇しているために光合成活動が制約されている例は珍しくない．このように生物生産の制限要因となる物質のことを栄養物質と呼び，生物体の主要な構成元素である窒素やリンなどを含むものを主要（または多量）栄養物質，生物体がごくわずかに必要とする鉄などの元素を含むものを微量栄養物質と呼ぶ．生態システムを考える上では，炭素だけでなくこうした栄養物質元素の循環も同時に考える必要がある．

生態システムへの人為的干渉

　人間活動はさまざまな形で生物圏への直接的な干渉を伴っており，生態システムへの干渉もいくつもの側面ですでに顕著に起こっている．また，気候システムに対する人為的干渉の結果が生態システムに大きな影響を及ぼす場合もある．ここでは，生態システムに対するグローバルな影響が顕在化している直接的および間接的な人為的干渉について，例をいくつか挙げる．

　陸域生物圏への直接的な人為的干渉の代表例としては，土地利用変化による植生変化が挙げられる．たとえば，森林伐採は元の森林が持つ生態システムの機能を失わせる．伐採した土地を農地に転用する場合でも，樹木と農作物では CO_2 の吸収や排出などの生態システム機能が大きく異なるため，気候システムへの作用も大きく変化する．もちろん，植林や灌漑など植生被覆が増加する方向の土地利用変化も存在する．世界各地に古くから存在する焼

畑農業は，生物圏への直接的な人為的干渉であるとともに，大気中へのCO_2排出という気候システムへの直接的な人為的干渉でもある．焼畑農業は，元の植生の回復を待って再利用する形で続けられれば長期的な変化をもたらさないが，人口増加などを背景として回復を待たずに拡大させれば生態システムおよび気候システムの一方向への変化につながる．

　海洋生物圏への直接的な人為的干渉の代表例としては，海洋酸性化が挙げられる．産業革命以降人為的に大気中へ放出されてきたCO_2のうち，およそ4分の1を海洋が吸収してきたと考えられている．海水に溶解したCO_2が水と反応すると炭酸を生じ，海水は酸性化する．海水の酸性度は海洋生物の生存や成長にとって重要因子であり，とくに炭酸カルシウムを主成分とする殻を溶かすまたは作りにくくすることを通して生態系に大きな影響を及ぼすと考えられている．たとえば，世界中の海に存在する代表的な植物プランクトン種である円石藻は炭酸カルシウムの殻を持っており，その海洋酸性化に対する応答が海洋生態システムの機能に大きく影響することが懸念されている．

　間接的な人為的干渉としては，CO_2排出という気候システムへの人為的干渉の結果として生じた気温や水温の上昇が，陸域および海洋の生物種や生物機能といった生物圏の様相に影響を及ぼしたとみられる事例がすでにいくつも報告されている．また，それに伴う生態システムの変化は，炭素循環等を通して気候システムにフィードバックする．

　ここまでの例は気候システムと生態システムをつなぐ炭素循環に対する人為的干渉にあたるが，他の物質の循環への人為的干渉もグローバルな生態システムにおいて現実に問題となっている．たとえば，主要栄養物質である窒素化合物（アンモニアや硝酸塩）に関して，自然界では窒素固定細菌が窒素分子から合成する役割を担っているが，20世紀初頭に人工合成手法が確立された結果，現在では人工合成量が自然界の合成量を上回っている．合成された窒素化合物は主に農業肥料として利用され，陸域の生態システムにおいて無視できない要素になっている．さらに，それは陸水を通して少なからず海洋に流出し，海洋の生態システムにも無視できない影響を及ぼしている．人為起源栄養物質の流出による海洋富栄養化の問題は以前から認識され，沿

岸海域に赤潮や貧酸素化をもたらす原因として知られている．それに加えて近年ではグローバルな生態システムに対する影響を評価する必要性が認識されてきたが，実態は多分に未解明である．

2.3　人間システム

杉山昌広

　人間システムの説明の仕方にはさまざまな方法が考えられるが，ここではIPCC（2022a, b）の報告書の考え方に従って考えてみよう．

　IPCCによれば[1]，人間システムは「人間の組織や制度が主要な役割を果たすシステム．多くの場合，この用語は社会や社会システムと同義…．農業システム，都市システム，政治システム，技術システム，経済システムなども…人間システムである」とされる．人間システムは気候変動の影響と適応の観点から分類することも，緩和策の観点から分類することも可能である．こうしたシステムは組織といったアクター（行為主体または単に主体），制度，行動規範，慣習や文化，また（ソフトウェアなども含む）人工物などから構成される（図2.3）．

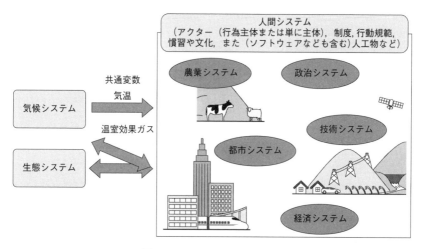

図2.3　人間システムの模式図

---

[1]　https://apps.ipcc.ch/glossary/

したがって気候変動と社会との関わりを考える上で関連する学問分野も，工学（例：適応のためのダムの治水，排出削減のための太陽光発電システムの設計），医学・公衆衛生学（適応の例：熱中症の対策），農学（適応の例：高温に耐えられる穀物の品種の開発，排出削減の例：バイオマスエネルギーの生産拡大）のような自然科学のみならず，経済学（例：排出量取引の設計）や社会心理学（例：適切な気候変動リスクのコミュニケーションのあり方），法学（例：気候訴訟，6章コラム 6.2）や政治学（例：気候市民会議，6章コラム 6.3），倫理学（例：世代間倫理）なども重要になる．

　共通変数として重要なのが，全球平均気温の上昇分と，その原因となる二酸化炭素（CO_2）などの温室効果ガス（GHG: Greenhouse Gas）排出量と大気中濃度である．人間システムが受ける気候変動影響の度合いは，気候システム・生態システムの振舞いを通じて，全球平均気温に大きく依存する（ただし，同じ全球平均気温でも人間システムの状況によって影響の度合いが違うことにも注意が必要である）．一方，気候システムの気温上昇は，人間システムの GHG 排出量によって基本的に決定される．このように 3 システムには相互影響がある．

影響・適応の観点から見た人間システム
　IPCC 第 2 作業部会においては，気候変動が社会や生態系に及ぼす影響とそれを減少させる対応である適応の観点から，（生態系を除く）人間システムを，水，食料等，都市・インフラ，健康やコミュニティ，貧困や持続可能な開発，に関連するサブシステムという形で分けている．むろん，これらの人間システムは気候システム・生態システムと深く関連しながら成立している．以下，サブシステムごとに解説する．

　2.1 節で説明があったように，水は気候システムの共通変数であるが，人間システムにおいても非常に重要な役割を果たす．水は飲用はもとより，灌漑のために農業に使われたり，ダムや流れ込み式の水力発電（エネルギー）や産業などで利用されている．また衛生（手洗い用の水やトイレ，下水など）を保つためにも非常に重要な役割を果たす．水のサブシステムには井戸，ダムや水力発電所，産業プラントや水道といった人工物から，水道プラント

のメーカーや，一般消費者も含まれる．気候変動に伴って降水パターンが変化する中，河川や治水の適応について考える行政関係者（日本の場合は国土交通省や自治体など）も重要なアクター（主体）である．

　人間は食料（穀物や野菜・果実，家畜，魚介類）や木材，繊維（木綿・羊毛など）など生態システムからさまざまな生態系サービスを受けている．食料等に関連した人間システムには農家や漁師，林業会社といったアクターが存在し，発展途上国の小規模農家から森林の違法伐採者も含まれる（システムの一部には望ましくない行為も含まれることに注意されたい）．畑や林，漁場といった生態系もその一部である．食料品は貿易とも直接的に関連し，世界貿易機関（WTO: World Trade Organization）や国連食糧農業機関（FAO: Food and Agriculture Organization of the United Nations）といった国際機関も関連する．また温暖化によってその土地の気候が変わるため，品種改良に取り組む農業試験場もシステムの一部だろう．

　都市や居住地，インフラは人間活動の基盤である．21 世紀は今後一層都市化が進むことになり，ビルや建築物，上下水道や道路・鉄道といった交通網，電線やガス管といったエネルギーインフラなどは現代的な生活を支えるのに必須不可欠である．都市にはスラムといったインフォーマルセクターも存在する．居住地には都市のみならず，中山間地や過疎に苦しむ農村なども含まれる．都市や農村の自治体は適応策や排出削減策の最前線に立っており，国際的な連携組織「イクレイ（ICLEI）─持続可能な都市と地域をめざす自治体協議会」などもアクターの1つである．

　健康・ウェルビーイングのシステムは，さまざまな年齢や社会階層の人間そのものに加えて，彼らの居住・行動空間，また公衆衛生や医療を支えるシステム（保健所や病院，医療関連の研究機関や国内外の政府機関），そしてそれに関わる医療従事者，行政官も含まれる．先進国でも気温上昇に伴う高齢者や子供の間での熱中症のリスクは高まるだろうし，蚊に媒介される疫病の範囲も広がっていく．また先住民居住地や島国，発展途上国など医療へのアクセスが悪いところもある．公衆衛生問題解決のために資金を拠出しているゲイツ財団といった民間団体も重要だ．

　居住地とコミュニティの両方にまたがる論点が移民・難民である（IPCC

では健康の章などで扱われている）．海面上昇によって国土自体が水没したり浸食を受けて国ごと気候難民になるリスクを恐れている太平洋の島国もあれば，干ばつ等によって既存の紛争が悪化し，難民として国を逃れる人も出てくるかもしれない．難民に国際的な支援を差し伸べる国際赤十字・赤新月運動なども重要なアクターになる．

　最後に挙げられるのが貧困の解消や持続可能な開発に関するシステムである．2030 年の持続可能な開発目標のゴール 1 が「貧困をなくそう」であるように，世界には 2021 年時点で未だに約 6.8 億人が 1 日 1.9 米ドル未満で暮らしていると推計されており，彼らの日々の生活と今後の社会経済的開発と気候変動は密接に関連する．国際連合や世界銀行などの開発支援機関も重要なアクターである．

緩和の観点から見た人間システム

　緩和策とは，気候変動自体の緩和につなげるための GHG の排出削減および CO_2 の吸収源の促進のことを指す．緩和策については，GHG の排出量の内訳が IPCC の報告書の構成に対応しているため，まず GHG の排出量からみてみるとシステムの構成がわかってくる．（具体的な数値については図 5.2 を参照のこと．また，部門 sector とシステムは必ずしも 1 対 1 に対応していない．たとえば人の移動に関するシステムをモビリティシステムといったり，食料に関する食料システムが議論されることもある．文献によってはこうした扱いをすることもあるので注意されたい．）

　GHG の排出量の多い順でみていく．最も大きな排出源は電力・熱とその他エネルギーを加えたエネルギー（転換）部門で 33% を占める．発電部門が主になるが，石油精製工場なども入る．ガス火力発電所や太陽光発電といったクリーンな発電所といったハードウェア，これらの発電所を運営する発電事業者，送配電事業者といったアクターも重要である．日本では電力自由化が段階的に進められ，2016 年には全面的に小売も自由化され，日々電力も日本卸電力取引所で取引されている．こうした市場の制度設計や参加者もシステムの一部である．

　エネルギー部門に続くのが産業部門である（24%）．ここでいう産業はビ

ジネス活動一般でなく，製造業のとくに素材産業が主である（サービス業などは業務部門にあたる）．鉄鋼やセメント，紙パルプ，石油化学などの素材産業で必要な高温の熱を作ったり，化学反応の材料で化石燃料を使うため CO_2 やその他の GHG が排出される．工場とそこで働く人，制度面やビジネスリーダーもその一部になる．

　その後に農業・林業・その他土地利用部門が続く（22%）．エネルギー起源の CO_2 だけでなく，農業や森林伐採などからも CO_2 が排出されてきている．カナダのような大規模な森林とそれを運営する管理会社から，アフリカの小農まで，さまざまな場所とアクターが関連する．

　自動車や飛行機，電車，船舶といった運輸部門は 15% の排出量を占めている．ガソリン車や電気自動車，燃料電池バス，電車，船舶，飛行機といった輸送機自体は当然のことながら，ガソリンスタンドや充電スタンド，燃料の供給網も大事である．自動車はライフスタイルの一部になっていることもあり，消費者の選好も関係する．さらに法規制なども忘れることのできないシステムの一部である．たとえば自動車の燃費規制は自家用車等からの省エネルギーと CO_2 排出量の低下に役立ってきた．

　さらに百貨店や病院，オフィスといった業務部門，また一戸建ての家屋やアパート，マンションといった家庭部門が続く（5.6%）．たとえばガスコンロでお湯を沸かしたときの都市ガスや，灯油ストーブの灯油を燃やしたときに排出される CO_2 が計上されている．

　なお，GHG は CO_2 に限られないことに注意が必要である（以上の割合の数字には CO_2 以外の GHG も含まれている）．非 CO_2 の GHG として，ハイドロフルオロカーボン類（HFC），パーフルオロカーボン類（PFC），六フッ化硫黄（SF_6），三フッ化窒素（NF_3）はさまざまな産業の製造過程や製品からの漏洩で排出される．またメタン（CH_4）や一酸化二窒素（N_2O）は農林業などからも排出される．CH_4 は水を張った水田の嫌気性細菌から排出されたり，牛などの反芻動物のげっぷから排出される．また N_2O は肥料としてまかれる窒素が化学反応し農地から出たりする．工場やそれを運営する企業，その場所の自治体や農林業従事者がアクターとなる．

　以上，GHG の排出区分から人間システムをみてきたが，気候変動と人間

の関わりはそれ以外にも多数ある．政府を構成する政治家や政策担当者，企業の経営者や従業員，大学や研究機関の研究者や市民社会の団体も人間システムの要素であり，2018年からスウェーデンで学校ストライキを始めたグレタ・トゥンベリさんのような若者や環境保護団体も重要なアクターである．

　気候システム・生態システム・人間システムの相互作用を考えるために，一例としてバイオマスエネルギー発電所を考えよう．化石燃料を使うエネルギー転換部門は大量のCO_2を排出している．これらをバイオマスエネルギーに切り替えることでCO_2排出量が削減でき，大気中のCO_2濃度増加率が低下し，気候システムの気温上昇速度が落ち着く可能性が高まる．しかし，エネルギーシステムは巨大であり，バイオマスエネルギーに移行するには大量のバイオマス生産が必要である（一説によるとインドの全体の面積と同じくらいの土地が必要という試算もある）．大量の土地利用変化を伴うため，生態系破壊を引き起こして生態システムに影響を与えるリスクが高まったり，また食料とバイオマス生産の土地利用競合で食料価格高騰を引き起こしてしまう可能性もある．バイオマス生産増は水の農業利用や灌漑にも影響を与えかねない．気候システムの問題を解決するために人間システムの一部であるエネルギーシステムを変化させることが，生態システムや人間システムのその他の部分に影響を与えるのである．

　実際，アメリカでは農業関連会社のロビー活動の影響もあり，トウモロコシからのバイオ燃料生産を促進する政策が強化されてきており，さらに2000年代には新興国の経済成長で穀物の需要も伸び，2006年から2008年には穀物価格が急騰した．メキシコでは2007年1月にトウモロコシが原料で主食のトルティーヤの価格高騰に反対するデモが起きた．アメリカの政治・政策が市場を通じて，メキシコの食卓にまで及ぶようなシステム間での影響がみられた．なお，そもそもトウモロコシ生産にはエネルギーや肥料が必要で，バイオ燃料として使うことは気候変動対策にならないという批判も多数ある（バイオマスエネルギーの種類については5章参照）．

　気候変動問題を総合的に考えるには，システムの一部分だけみるのではなく，システムの全体を俯瞰的にみて，システム同士の相互作用を考えること

が必要である.

2章　引用・参考文献

IPCC（2022a）Summary for Policymakers [Pörtner, H.-O. *et al.* (eds.)]. In: *Climate Change 2022: Impacts, Adaptation and Vulnerability. Contribution of Working Group II to the Sixth Assessment Report of the Intergovernmental Panel on Climate Change* [Pörtner, H.-O. *et al.* (eds.)], Cambridge University Press, Cambridge, UK and New York, NY, USA, 3-33. doi: 10.1017/9781009325844.001

IPCC（2022b）Summary for Policymakers. In: *Climate Change 2022: Mitigation of Climate Change. Contribution of Working Group III to the Sixth Assessment Report of the Intergovernmental Panel on Climate Change* [Shukla, P. R. *et al.* (eds.)], Cambridge University Press, Cambridge, UK and New York, NY, USA. doi: 10.1017/9781009157926.001

3 気候と社会の将来シナリオ

3.1 気候の変化を「予測」するとは？ 渡部雅浩

projection の概念，天気予報との違い，仮定など

　現在，天気予報は大気の数値シミュレーションに基づいて行われている．
この「数値天気予報」（NWP: Numerical Weather Prediction）は 1950 年代
に始まり，以降着実に進歩してきた．大気のシミュレーションモデルは，地
球大気を細かい格子に分割して各々で物理方程式（運動方程式や熱力学第一
法則など）を解くことで，時々刻々の流れや温度を計算するプログラムであ
る．数値天気予報は，このプログラムに観測データから初期値を与えてごく
近い将来まで微分方程式を積分することで 1 週間程度先までの天気を予報す
るもので，物理学的には「初期値問題」と呼ばれる．大気の流れは非線形で，
初期値に含まれるわずかな誤差が時間とともに増大する，いわゆるカオス的
な性質があるために，数値天気予報には原理的な限界がある（これもよく知
られていることだが，決定論的カオスの概念を発見したのは気象学者のエド
ワード・ローレンツである）．

　では，巷で使われる気候変化予測[1]は数値天気予報とどう違うのだろうか．
天気予報に限界があるのだから，数十年先の気候の状態を予測することはで
きるわけがない．日本語では同じ語をあてるために混乱しがちだが，気候変

---

[1] 気候科学では，外因により生じる気候の変化（climate change）と，内因により生じ
る気候の変動（climate variability）を区別している．一般には，両方とも気候変動と
呼ばれてしまうが，本来，地球温暖化は前者なので，本章では気候変化と呼んでいる．

化における「予測」（projection）とは，そもそも数値天気予報における予測
（prediction）とは意味が違う．

　気候変化問題では，将来にわたる気候を変化させる要因である温室効果ガ
ス（GHGs: Greenhouse Gases）や土地利用の状態変化などを仮に決めたと
きに，それに応答する形で気候システムがどう変化するかを計算するもので，
大気あるいは気候にとっての外的要因を境界条件として与え続けることで結
果が得られる．この際，大気や海洋のカオス的性質のせいで初期値に含まれ
る情報はすぐに失われてしまうので，観測データから初期値を与えることに
大きな意味はない．したがって，気候変化の「予測」（意味が違うので本章で
はカッコつきで記すことにする）は，物理学的には「境界値問題」と呼ばれる．

　答えを求めるのに一部とはいえ将来の情報を与えるのだから，気候変化の
「予測」は言葉通りの予測ではない．原語の projection は本来「見通し」な
どと訳されるべきであったろう．気候変化「予測」では，数値天気予報のよ
うに時々刻々の状態を計算はするが，それ自体は境界条件がコントロールし
ていないためにあたるわけもなく，たとえば100年先までの気候のシミュレ
ーションで得られた結果から2050年3月10日の大気の流れを取り出しても，
その日の実際の天気とは似ているとは限らない．というよりほぼ似つかない．
しかし，境界条件の緩やかな変化に従って，大気の状態は少しずつ変化して
ゆくので，たとえば30年で平均した結果は，モデルが正しく自然を模倣し
ていれば，境界条件の変化に対する正しい応答を示すはずである．

　IPCC報告書で評価されている将来の気候変化が，すべて長期間の平均値
についてなのはこうした理由による．熱波などの極端気象は天気の時間スケ
ールで起こるが，その統計的性質（事象の集合としての強さや頻度など）も
長期間の平均値として推定できるので，温暖化の進行とともに極端気象がど
う変わるか，ということも気候変化「予測」の範疇である．

　シミュレーションの対象も，数値天気予報と気候変化「予測」では異なる．
大気にとって下端の境界条件となる，海面水温（SST: Sea Surface Tem-
perature）は1週間程度ではほとんど変わらないので，数値天気予報では海
洋の予測を行う必要がない．しかし，100年程度の時間で生じる温暖化を考
えると，GHGsの排出増加は海洋を暖めることで海面水温の上昇をもたらし，

それが大気の状態を変えるため（3.3節参照），シミュレーションの対象に海洋を含める必要が出てくる．同じことは極域の海氷についても言える．さらに，気候を変化させる境界条件には，大気中の微粒子であるエアロゾルも含まれるため（3.2.3項），エアロゾルの分布を計算するモデルも必要になる．

　結局のところ，気候変化「予測」では，数値天気予報に使われる大気の数値モデルに海洋の数値モデルを結合し，さらに地球表層の物理環境を包含する気候モデル（GCM: General Circulation Model もしくは Global Climate Model）を作らなければいけない．気候モデル，さらに地球の炭素循環などの物質循環や生物化学過程を加えた地球システムモデル（ESM: Earth System Model）についての説明は本章のコラム 3.1 に譲るが，これらのモデルは数値天気予報のモデル開発を後追いする形で 1970 年代から本格的に開発が始まった（3.3.1 項で触れる通り，気候のモデリングで先駆的な研究を行ったのが，2021 年にノーベル物理学賞を受賞した真鍋淑郎先生である）．

　現在，日本を含む先進各国ではそれぞれ独自に気候モデル開発が行われており，国内では一部の教育機関で学生の教育にも使われている[2]．ちなみに，他の科学分野同様，日本の気候科学は欧米を追いかける形で始まったが，戦後に優れた日本人研究者が多くアメリカに移住し，そこで先駆的な仕事を成し遂げた（Lewis, 1993）ことで間接的に国内の研究を活性化させ，現在では欧米と比肩するレベルを維持している．

気候変化「予測」の流れ

　具体的に，気候変化「予測」をどうやって行うのかを簡単に説明しておこう．気候モデルに与える境界条件として用意するのは，GHG やオゾンなどの気体濃度の変化，土地利用の変化，エアロゾル排出量の変化といった，人間活動に起因するものと，太陽活動の変化や火山噴火といった自然要因の変化である．将来の火山噴火は予測できないのでとりあえず起こらないものとし，太陽活動は比較的確実に続くと思われる 11 年周期のサイクルを与える．人間活動による変化は，次節で述べる複数のシナリオを用いる．これらを与

---

[2] 東京大学では，理学系研究科地球惑星科学専攻あるいは工学系研究科社会基盤学専攻に在籍する大学院生が気候モデルを使った研究を行っている．

えて今世紀末までのシミュレーションを行い，気候の応答を求める（3.5節）．地球システムモデルを用いる場合は，GHGなどの濃度の代わりに排出量の変化を与えて，モデル内部で大気中の二酸化炭素（CO_2）濃度などを計算する．

　数値天気予報とは違い，計算された結果が正しいかどうかは，ずいぶん先になってみないとわからない．しかし，それでは気候変化「予測」の情報に基づいて社会が対応する際に信頼性の問題が生じる．そのため，IPCC報告書では，将来の気候の変化について確からしさや確率的な評価を厳しく行うが，気候科学としてはそれだけではいけない．重要なのは，将来気候のシミュレーションにおいて不確実さの原因を明確にすること（3.3節），また同じモデルが20世紀以降に観測された気候変化を再現できること（3.4節）である．

　ここまで，天気予報と気候変化「予測」の違いについて述べてきたが，近年は両者が融合する流れにある．きっかけは，1980年代に本格化したエルニーニョ研究である（1.6節）．エルニーニョ・ラニーニャは天気よりずっと長い数年規模の気候変動現象であるが，大気と海洋の決定論的な相互作用で生じることが明らかになり，数値天気予報のモデルに海洋モデルを結合すれば1年近く先まで予測が可能であることがわかってきた．並行して，温暖化シミュレーションのための気候モデルの開発が進んでいたが，エルニーニョの予測モデルと気候モデルはそれほど違わないため，自然な流れとして，100年規模の温暖化に関して境界値問題を解いていた気候モデルに，観測データに基づく初期値を与えて数年程度の気候変動予測に適用しようということになった．現在は，このようにモデルを複合的に使うことで，エルニーニョと温暖化の間にある10年規模の気候予測が行われている．また，大は小を兼ねる，の考え方で，気候モデルを用いてそのまま天気予報から長期の気候予測を行う，シームレス（継ぎ目のない）予測も盛んである．

コラム 3.1　地球システムモデルとは　　　　　　　　　　河宮未知生

　人為起源の気候変動の議論をする際に，しばしば「人間活動による CO_2 排出」といった表現がとくに説明もなく用いられる．大量の化石燃料の燃焼を通じて CO_2 を放出すれば，大気中の CO_2 濃度が増えるのは当然ではある．しかし放出された CO_2 の相当部分は陸域植生による光合成や海洋への CO_2 溶解などで吸収され，大気中 CO_2 濃度に寄与するのは排出された分の一部でしかない．しかも光合成で植物に固定された炭素も，そのあと枯死体となって微生物に分解されたりして CO_2 に再無機化され，結局大気中に放出される．海洋に溶け込んだ CO_2 も，植物プランクトンによる光合成により有機物に変換され，一部は粒状有機物となって深海に沈降して大気から隔離され，他の一部は陸域と同様再無機化され，大気海洋間の気体交換によって大気に放出される．

　大気中の CO_2 濃度は，CO_2 分子中に含まれる炭素原子が姿を変えながら自然界を循環する過程の中で決まる．もちろん CO_2 分子には酸素原子も含まれるが，地球表層環境においてより希少なのは炭素であるため，大気中 CO_2 濃度を決める要因に関しては，炭素原子の流れを追跡すること，すなわち炭素循環の把握がより有効である．将来の CO_2 濃度を「予測」する際には，こうした炭素循環の現状のみならず，気候変化と影響し合いながら引き起こされる変化も考慮に入れなければならない．

　関連する多くの過程の効果を取り入れながら「予測」を行うためには，やはりシミュレーションモデルが用いられる．炭素循環に関わる光合成，呼吸などの生物過程や大気海洋中の化学過程を含んだ気候モデルは，地球システムモデル（ESM: Earth System Model）と呼ばれ，日本を含む各国研究機関で盛んに開発が行われている．近年の ESM は，炭素以外にも N_2O（一酸化二窒素）や CH_4（メタン）など，CO_2 以外の温室効果ガス（non-CO_2 GHGs）やエアロゾルの動態も含んだ物質循環を取り入れたものも増えてきている．

　図 A は，人間活動により排出される CO_2 の量とその行く先を表している（Friedlingstein *et al.*, 2022）．最近 10 年ほどの平均的な値として，化石燃料の使用と土地利用変化（主に森林伐採）により 40 $GtCO_2$ ほどの CO_2 が排出されていることがわかる．これは，地球上の全人類が 1 人あたり自分の体重の

80-100倍近いCO_2を排出していることに相当する．さらに同じ図から，排出されたCO_2の半分強が陸域植生や海洋に吸収され，大気中に残存するのは半分弱であることもみてとれる．さらにこの図には示されていないが，とくに陸域植生による吸収量は年による変動が大きい．これはエルニーニョなど短周期の気候変動の影響であるが，ESM はこうした炭素循環の振舞いも再現しながら，将来のCO_2や non-CO_2 GHGs の濃度を「予測」することができる．

　ただし ESM が取り扱う生物過程に関しては，大気や海洋の運動方程式や大気中の放射伝達と異なり，普遍的に適用できる支配方程式が存在しないことには留意しておきたい．生物活動の効果をモデルに取り込む際には，実験や野外観測で得られたデータから，気温や日射量等と光合成速度との関係性を記述していくわけであるが，具体的な定式化の形はモデル開発に携わる研究者の指向によるところも大きい．世界各国の研究機関の ESM による「予測」結果を比較すると，とくに陸域植生の振舞いの違いが大きい．

　本文で触れられている通り，緩和目標に適合する排出量の上限評価などで ESM は有用な情報を提供するが，モデル間のばらつきに起因する不確実性には充分な配慮が払われており，また観測データに基づいて ESM の再現性を向上させたり，ESM の「予測」結果に一定の制約をかけ不確実性を低減する努力が続けられている．

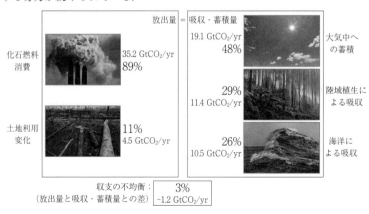

図A　2012-2021年の期間における平均の人為起源CO_2の年間排出量（左）と大気への年間蓄積量および陸域植生，海洋による年間吸収量（右）．（Friedlingstein *et al.*, 2022 の図を改変）

3.2 社会変化のシナリオと気候変化をもたらす「強制力」

3.2.1 放射強制力と気候応答 渡部雅浩

地球のエネルギー収支

2.2 節でみた通り，気候システムは多様な表層環境で構成されるが，大気と海洋はともに流体であり，流れの性質を理解するのには流体力学が使われる．流体の運動方程式は基本的にニュートンの第二法則であるから，流体力学は古典物理学に含まれるが，紙と鉛筆でまともに解くことができないので数値シミュレーションの力を借りることになる（余談だが，大気も海洋もさまざまな渦や波が存在しており，それらの微細構造をシミュレーションで再現するのは好きな人にはたまらない魅力がある）．

他方，気候を決める上で最も重要な変数はなにかと言えば，これは温度（気温，水温）である．温度を扱うのはもちろん熱力学であり，こと地球全体の気候に関して言えば，熱力学は流体力学よりも重要である．なぜかというと，流れというのは物質や熱を輸送したり混合したりはするが，地球全体では正味で増やしも減らしもしないからである（逆に言えば，温度分布を決める際には流体の働きが非常に重要になる）．

気候システムを全体として捉えるとき，その変化は大気の上端における熱（エネルギー）の出入りで決まる．大気上端では，太陽から入ってくる放射（ざっくり日射と呼ぼう）と地球表面および大気から宇宙に出てゆく放射（こちらもざっくり赤外線と呼ぼう）がつり合っていれば，気候はおよそ落ち着いた状態を維持できる．しかし，何らかの外部要因によってこれらの放射量が変われば，エネルギーが一時的につり合いを失い，気候が変化する．こうした考え方を，地球のエネルギー収支（Earth's energy budget）という．最も簡単な例として，大気の効果を無視して，赤外線が温度の4乗に比例するというステファン・ボルツマンの法則（コラム 3.2 参照）を用いて日射とのつり合いを考えると，地球の表面温度が−18℃と求まる．もちろん実際の地球表面はこれより30℃以上暖かいが，この差は大気の温室効果によって説

明される.

　大気中の温室効果ガス（GHG，ここでは簡単のため二酸化炭素（CO_2）としよう）が増えると，温室効果が強まることで，地球から出てゆく赤外線の量が減り，その余剰なエネルギーは大気と地表面を暖めるのに使われる．これを「放射強制力」（radiative forcing）と呼ぶ．仮に CO_2 濃度が倍になったとすると，およそ 4 W/m^2 の放射強制力が生じる．現在のエネルギー収支は，約 240 W/m^2 の日射と赤外線がつり合っているので，CO_2 濃度が倍になったとしても地球のエネルギー収支は 2% 程度しか変化しない．それでも，わずかなエネルギーの変化がもたらす気温の変化は人間社会には無視できないというのがポイントである.

　このことを念頭に，地球のエネルギー収支を用いて，過去の温暖化がどのようにして起こったかをみてみよう．図 3.1 は，部分的に観測データを用いて推定が可能な 20 世紀後半以降のエネルギー収支を，積算値として示したものである．放射強制力は右肩上がりで，この期間に GHG が増加を続けていることと整合する.

　これに対して，気候システムは 2 種類の変化でつり合おうとしている．1 つは，気候が温暖化することで宇宙に出てゆく赤外線が増えるという応答（コラム 3.2 参照），もう 1 つがエネルギーの余剰分を海洋が取り込む，いわゆる海洋熱吸収（ocean heat uptake）と呼ばれるプロセスである．前者は比較的すぐに生じる変化，後者はよりゆっくりとした変化であり，仮に人間社会からの GHG 排出がゼロになったとしても，海洋熱吸収はすぐに止まらないため，気候は緩やかに変化を続けることになる．このことは，海水の熱膨張による海面上昇などの不可避の気候変化にとって重要である.

3.2.2　気候研究コミュニティ全体で使われる共通シナリオ　　藤森真一郎

共通シナリオとは― SRES, RCP から SSP まで

　気候変動研究の中でも将来の気候変動の規模，その影響，ならびに緩和のための方策の検討を行う研究は，大別すると以下の 3 つのグループに分類できる．すなわち，将来の気候の様相を推測する地球システムモデル（ESM: Earth System Model），その気候情報から影響評価をする影響評価手法群

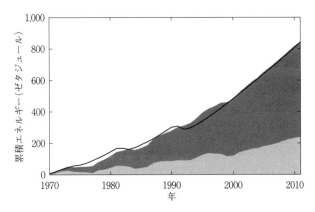

図 3.1 1970 年以降の地球のエネルギー収支を積算値として見積もったもの
実線は放射強制力，濃い網は温暖化したことによる赤外線の増加，薄い網
は海洋が吸収しているエネルギーを意味する（Forster, 2016）.

（主に IAV: Impact, Adaptation and Vulnerability，影響・適応・脆弱性研究
で用いられる；コラム 4.1），将来の排出量等の推計をする統合評価モデル
（IAM: Integrated Assessment Model）（コラム 3.3）である．それぞれの研
究領域で多くのシミュレーションモデルが使われている．しかしある特定の
条件，たとえば気候緩和策を行わなかった場合，もしくは最も強く気候緩和
策を行った場合に気候はどうなるか，その影響は，といったことに応えたり，
気候研究コミュニティ全体として一貫した研究成果の含意を得ようと思うと，
それぞれのモデルが勝手にバラバラの条件で実験してもうまくいかない．
　そこで，気候変動研究分野全体で使用される共通の長期シナリオが用いら
れてきた．この共通のシナリオは 21 世紀の世界における社会経済，GHG と
その他大気汚染物質の排出量，土地利用などの見通しからなる．このシナリ
オのもとで，気候実験が行われ，その実験結果から気候影響や適応策の検討
を行うという一連の研究手法は，世界の気候変動関連のモデル研究の基盤と
なり，この 20 年程度の間に多くの有用な研究成果が生まれた．
　その最初に用いられたのは SRES（Special Report on Emissions Scenarios）
である（Nakicenovic *et al.*, 2000）．SRES は 2001 年に公表された IPCC の第 3
次評価報告書から 2007 に公表された第 4 次評価報告書まで使われた．一
方，SRES ではいくつかの課題が残り，少なくとも 3 点の指摘がなされた．

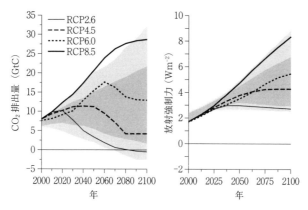

図 3.2 RCP の 4 つの排出経路（左）と放射強制力（右）(van Vuuren *et al.*, 2011)

第 1 に，気候緩和策を明示的に取り入れていなかったため，気候緩和を行っ
たときの排出量に関するシナリオが存在しないという点，第 2 に，気候変動
による影響を評価する影響評価グループにとっては研究に必要な情報が得ら
れるのに時間がかかるという点，第 3 に，影響・適応策に関連する事象の記
述，たとえば所得分配や適応能力などがなかった点である．

　上述のような課題または指摘を踏まえ，将来の社会経済の枠組みから排出，
気候変動，影響にいたる一連の動向を対象とした新しいシナリオの開発とそ
の開発過程（パラレルアプローチと呼ばれる）が考案された．詳細は Moss
et al.（2010）を参照されたいが，新シナリオプロセスでは，代表的濃度経路
（RCPs: Representative Concentration Pathways）(van Vuuren *et al.*, 2011)
と呼ばれるガスの濃度および排出シナリオを IAM が作成することから作業
が開始され，その次に気候実験（CMIP5，3.3.2 項の CMIP6 の 1 つ前の気候実
験）と社会経済シナリオ作成を並行して行い（ここがパラレルと呼ばれる所
以），IAV にこの 2 つの情報を同時に渡すというものであった．RCPs では，
緩和策の強弱を含めた 2100 年の放射強制力を 4 段階のレベル（2.6 W/m²，
4.5 W/m²，6.0 W/m²，8.5 W/m²）にそれぞれ安定化する代表的な濃度経路
が選択され，SRES になかった気候緩和策が強く入ったシナリオが明示的に
入った（図 3.2）．

　社会経済シナリオは共通社会経済経路（SSPs: Shared Socioeconomic Pathways）と呼ばれ，緩和策だけでなく影響・適応策の評価もできるように，影響や適応策に関する社会経済システムを考慮して設計され，SSP1〜5という5つのシナリオが提示された（Riahi *et al.*, 2017）．SSP の1〜5の数字にはとくに意味はなく，各シナリオは今後の社会のあり得る代表的な方向性を定性的，定量的に記述したものである．実際には，各シナリオに RCP と同様の放射強制力を組み合わせている．たとえば，SSP1-2.6 シナリオは，SSP1 という気候緩和・適応への困難度が比較的低い社会経済的な背景のもとで，放射強制力を 2.6 W/m^2 に抑える排出量制約が課されたシナリオを意味する．

共通シナリオの必要性

　共通シナリオの開発と利用は，気候研究コミュニティ全体としてその時々の社会的な要請に応え，政策決定に重要な意味を持つシナリオを追加しつつ，各研究分野から挙がってくる課題にも応えながら，シナリオ自体もそうであるし，作成プロセスも適宜改善しながら進んできた．一度作成されると5-10年単位でこの共通シナリオは使われ，多くの研究の方向性も決めていく1つの要因になり，気候研究全体に対する影響力は非常に大きい．このシナリオ自体の選定，シナリオプロセスの決定は気候科学に関わる広範囲にわたる事象，モデル開発動向や政策過程の正しい理解とそれらを総合的に捉えたうえで行う適切な判断を要し，高度な能力が求められる．それに限らずではあるが，気候科学にはそういった総合的な能力を求められる面があり，それがまた気候科学を研究することの醍醐味の1つかもしれない．

3.2.3　温室効果ガス，短寿命気候強制因子と地球温暖化係数　　鈴木健太郎

GHGs と SLCFs

　地球大気に存在する気体分子には，地球自身が宇宙空間へ向かって射出する長波放射を吸収する働きを持つものがあり（コラム 3.2 参照），それらを総称して温室効果ガス（GHGs）と呼んでいる．代表的な GHGs には二酸化炭素（CO_2），水蒸気，メタン（CH_4），一酸化二窒素（N_2O），ハロカーボン類などがある．GHGs の大気中濃度の変化は排出量だけでなく大気中での滞在

時間（寿命）にも影響され，同じ排出量であっても寿命が長いほど高濃度の状態がより長く持続する．この寿命は GHGs の種類によって異なっている．CO_2 や N_2O のように寿命が長いもの（100 年程度）は長寿命温室効果ガス（LLGHG: Long-lived Greenhouse Gas）と呼ばれるのに対して，寿命が 10 年程度以下の短いものは短寿命気候強制因子（SLCFs: Short-lived Climate Forcers）と呼ばれる．

SLCFs には CH_4（寿命は約 10 年）や対流圏オゾン（寿命は数週間程度）などのガスのほか，黒色炭素（BC）や硫酸塩などのエアロゾル（寿命は数週間未満）も含まれる．CH_4 は主に長波放射を吸収するが，対流圏オゾンやエアロゾルは主に短波放射を吸収・散乱することで放射強制力（コラム 3.2）を生み出す．たとえば，黒色炭素エアロゾルは短波放射を吸収することで大気を加熱し，硫酸塩エアロゾルは短波放射を散乱することで地球を冷却する働きを持つ．大気寿命の短い SLCFs は温暖化効果も短期的なので，それらの排出削減の効果は 10 年以下の短期に現れることが期待される．

地球温暖化係数

このような物質ごとの寿命の違いや放射吸収能の違いを考慮に入れて各物質の温暖化能力を定量化したものとして，地球温暖化係数という指標がある．これは CO_2 の温暖化能力を基準として，他の温暖化物質やエアロゾルなどの冷却物質の相対的な温暖化能力を数値化したものである．代表的な定義では，着目する物質がパルス状に単位量だけ排出されたと仮定して，その後のある時点（100 年後など）で測る．測る量としては，放射強制力の時間積分値あるいは全球平均気温変化のどちらかで，ともに CO_2 に関する量との比を取る．前者の放射強制力の時間積分で定義される地球温暖化ポテンシャル（GWP: Global Warming Potential）はエネルギーの蓄積で温暖化能力を測るのに対して，後者の気温変化ポテンシャル（GTP: Global Temperature-change Potential）は昇温度合いで温暖化能力を測る．

各物質の地球温暖化係数をその排出量に乗じることで，温暖化能力の意味で「CO_2 と等価」な排出量を物質ごとに算出して比較できる．その例を示した図 3.3 によると，「ある時点」をどこに取るかによって物質ごとの寄与は

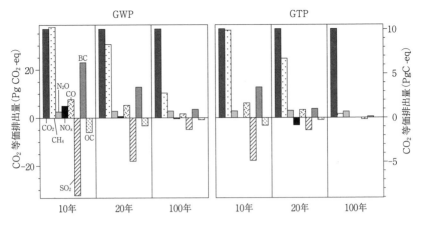

図 3.3 排出量変化から 10 年後, 20 年後, 100 年後の時点での GWP および GTP に基づいて算出された (すなわち CO_2 と等価換算された) 各物質の排出量の比較. (Myhre *et al.* (2013) IPCC 第 5 次評価報告書第 1 評価部会第 8 章の Figure 8.32)
CO_2：二酸化炭素, CH_4：メタン, N_2O：一酸化二窒素, NO_x：窒素酸化物類, CO：一酸化炭素, SO_2：二酸化硫黄, BC：黒色炭素, OC：有機炭素

異なり, SLCFs である CH_4 や BC, 硫酸塩エアロゾルを作る二酸化硫黄 (SO_2) の寄与は 10-20 年では大きく, 100 年では小さいことがわかる.

コラム 3.2　放射エネルギーと放射強制力　　　　　　　　　　　鈴木健太郎

　本書でたびたび登場する「放射」という用語は, 物理学的には電磁波を意味する. 電磁波にはさまざまな波長のものがあるが, 地球の気候にとって重要なのは波長が 0.1 μm（ミクロン）程度から 100 μm 程度の範囲にある電磁波である. このうち, 約 0.1-4 μm の波長域（紫外線・可視光線・近赤外線）は主として太陽から降り注ぐ電磁波（太陽放射・短波放射という）であり, 約 4-100 μm の波長域（熱赤外線・遠赤外線）は主として地球自身が放出する電磁波（地球放射・長波放射という）である.

　このように太陽放射と地球放射が大きく 2 つの波長帯に分かれているのは, 太陽と地球の温度の違いによる. このことは,「物体が射出する放射エネルギーの波長分布はその物体の温度に依存する」というプランクの法則から理

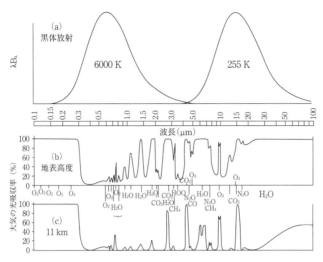

図 B (a) 太陽（温度 6000 K）と地球（温度 255 K）から射出される放射エネルギーの波長分布．エネルギーの総量は大きく違うので，山の高さをそろえてある．可視光はおよそ 0.3-0.8 µm の波長帯に相当する．
(b)，(c) 各波長におけるさまざまな気体分子による大気の吸収率を地表面(b)と 11 km(c)の高さで示したもの．(Goody and Yung, 1989)

解される．これによると，放射エネルギーの波長分布はある波長で極大値を取り，その波長は温度が高いほど短い（ウィーンの変位則という）．太陽と地球の温度はそれぞれ約 6000 K, 255 K と異なるため，両者から射出される放射エネルギーの波長分布は，大きく離れた 2 つの波長で極大を取るふた山型の分布となる（図 B(a)）．プランクの法則からはさらに，全波長で積算した放射エネルギーは温度の 4 乗に比例するというステファン・ボルツマンの法則が導かれ，温度の高い物体ほど多くの放射エネルギーを射出することになる（プランク応答）．

　短波放射と長波放射に対して地球大気は大きく異なる「透明度」を持っており，前者に対しては比較的透明だが，後者に対しては不透明である．これは，地球大気に存在するさまざまな気体分子がそれぞれ特定の波長の電磁波を吸収することによる．図 B(b)，(c)はこの様子を示しており，短波放射の波長域，とくにエネルギーが極大となる可視光線の波長範囲では，気体分子による吸収がほとんど存在しないのに対して，長波放射の波長域では水蒸気

と CO₂ をはじめとするいくつかの気体分子による吸収が多くの波長帯で存在する．吸収された長波放射はその高さから上下両方向に再放射されるため，地球大気は宇宙空間へ上向きに長波放射を出すだけでなく，地表面へ下向きにも長波放射を射出し地表面を暖めている．これが温室効果である．地球温暖化は，人間活動で排出される CO₂ が長波放射に対する地球大気の透明度を下げることで温室効果が増大することによって起こる．

　気候の変化には短波放射も深く関わっている．地球大気には気体分子の他にもエアロゾルと呼ばれる大気微粒子や雲の水滴が浮かんでおり，これらの粒子が短波放射を吸収・散乱するために大気や地表面に吸収される日射量が変化する．人為起源のエアロゾルは，それが黒いか白いかによってそれ自身が短波放射を吸収・散乱するほか（エアロゾル・放射相互作用という），雲の水滴ができる際の核となって雲をより白くする働き（エアロゾル・雲相互作用という）も持ち，これらは正味で冷却効果をもたらすと考えられている．

　短波・長波放射に影響する気体分子やエアロゾルは人為的な要因や自然に内在するメカニズムによって変化するため，地球の大気上端で正味入ってく

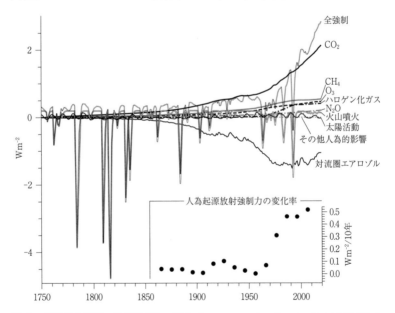

図C　産業革命以降の放射強制力の変化（Gulev *et al.*（2021）IPCC 第 6 次評価報告書第 1 評価部会第 2 章の Figure 2.10）

る太陽放射と正味出ていく地球放射は変化することになる．これによって生じる放射エネルギーの不均衡は「放射強制力」と呼ばれ，地球の気候システムに対して加えられるエネルギー的な外力を意味する．図Cは，産業革命から現在までの要因別の放射強制力の変化を示している．CO_2・CH_4・N_2Oなどの温室効果気体による正の放射強制力（加熱）とエアロゾルによる負の放射強制力（冷却）が重なり合って正味の放射強制力の変化が作り出されてきたことがわかる．

コラム 3.3　統合評価モデル　　　　　　　　　　　　　藤森真一郎

　統合評価モデル（IAM: Integrated Assessment Model）は，おおよそ「気候システム，GHG 排出，人口，経済システム，エネルギーシステム，土地利用，技術などの広範囲な分野を計算機モデル上で表現し，統合したシミュレーションモデル」である．IAM の開発は 1970 年代から始まり，20 から30（あるいはもっと多いかもしれない）といった数のモデルが開発されてきた．IAM は主として気候変動緩和策の分析に用いられてきており，気候政策や社会の将来の変容によるエネルギーシステム，経済，土地利用の将来像，またそれらから得られる含意，とくに政策的なメッセージを得るのに適したツールとなっており，実際に国内外の政策決定のための基礎情報として使われることも多々ある．

　IAM は大別すると 2 つの種類に分けることができる．その第 1 は費用便益（CBA: Cost Benefit Analysis）型モデルと呼ばれるもので，気候変動問題に対する人間システムの応答あるいは政策決定に関する情報を CBA の観点から捉えようとするものである．DICE（Nordhaus and Sztorc, 2013）はその代表的な例で，最も古典的かつ現在でも広く使われているモデルである．この CBA 型モデルは気候緩和費用と気候影響被害を扱い，気候変動問題の特徴である環境の応答遅れを考慮して，最適な GHG 排出パスを導出するというものであり，通時的な総費用最小化や総効用最大化等で解を得ることが多い．経済，排出，気候，気候影響すべてが簡易化されて，現在のパソコンであれば短時間で計算可能である．CBA 型モデルは気候影響，気候緩和の両面を考慮しているという特性上，最適な気候緩和レベルはどの程度か，い

つその排出削減を行うのが得かといったことを経済合理性の観点から決め，そこから得られる政策含意を議論することが多い．

　その第 2 は，エネルギーシステム・経済システム・土地利用システムなどを扱う詳細型モデルであり，AIM（Fujimori *et al.*, 2017）などがその典型的な例となる．詳細型モデルは単一のモデルというよりは複数のモジュールを組み合わせて，相互に情報交換をするモデリングフレームワークとなっていることが多い．気候目標を前提条件として，エネルギー，土地使用，経済システムの詳細な姿を提示することが主としたモデルの役割となる．IPCC の報告書でまとめられている IAM の成果は詳細型のモデルが大勢を占めている．この型のモデルは時代とともにその対象領域を広げ，開発当初はエネルギーモデルを核として出発しているが，その後土地利用，水などのモジュールを加えてきた．詳細型モデルの基本原理はモデルやモジュールによって異なるが，やはり経済的なところに依拠する部分が多い．たとえば，エネルギーシステム費用最小化や企業の利潤最大化，家計の効用最大化などが用いられるケースが多い．いずれも経済的な最適解を数理計画モデルとして定式化する．

　AIM のような詳細型モデルはさまざまな気候目標（たとえば安定化する気温）に応じて，エネルギーシステム，土地利用，経済システムがどのようになるのかということを示すこと，つまりそれらシステムの変化を示すことが，その第一義的な目的となることが多い．しかし，研究の対象はそれにとどまらず，派生的に多くの事象を対象とする．技術的な制約が緩和費用に及ぼす影響（Kriegler *et al.*, 2014），正味ゼロ排出の様相（Riahi *et al.*, 2021），排出がどうしても残ってしまう部門の同定（Luderer *et al.*, 2018），などは IPCCの報告書でも中心的に取り上げられた代表的な詳細型モデルの研究成果である．さらに，炭素税の課税対象をエネルギーシステムのみにしたときの土地利用への影響（Wise *et al.*, 2009），気候緩和策の食糧安全保障への含意（Hasegawa *et al.*, 2018）など派生的にさまざまな解析を行う．

　IAM は気候研究の中でも政策に強い影響を及ぼす強力なツールとなっている．ゆえにその限界についてもきちんと認識した上でモデル結果を解釈する必要がある．ここでは 2 点挙げる．

　その第 1 は，IAM は将来を確率的に扱うことはできず，常に多くの前提のもとで条件つきのシナリオを数値的に描くことしかできない，という点である．IAM は人間システムと環境システムともにモデル内で扱っている．このうち環境システム（たとえば気候システム）は物理化学的なプロセスで

記述することができ，その依拠している科学的法則は一般性が高いが，人間システムではそうもいかず，長期にわたって成り立つ法則を見出すことは難しい．たとえば，エネルギー技術が将来どのくらい進展するのか，といったことは不確実な技術進歩（過去と将来が同じである保証はまったくない），環境に対する認識，われわれの選択・意思決定や政策にも依存し，そういったさまざまな不確実性を予測することはそもそも不可能である．

　第2の点は，IAM はさまざまな分野の知見を統合するがゆえに，それぞれの個別の分野の最先端モデリングと比べて詳細性，具体性で劣る部分が往々にして存在することである．たとえば，IAM で使われる気候モデルは GCM や ESM を単純化し，その挙動を簡易的な関数で表現したものである．計算所要時間は劇的に短くなるが，複雑なメカニズムの解明などは困難である．一方，超長期の事象を扱うがために，ある一定の抽象度を保った方がモデリングとして妥当な部分があるという議論もある．詳細であればよいという単純なものではないが，IAM の結果が社会に影響力を強く及ぼすようになるにつれてより具体性も求められてきていることから，この点は今後の大きな課題と言えるだろう．

3.3　地球温暖化の理論とシミュレーション　　　　　　　渡部雅浩

3.3.1　気候フィードバックと気候感度

気候システムのフィードバックとは

　地球のエネルギー収支において，温室効果ガス（GHGs）増加による放射強制力の大部分は，気候が温暖化することで宇宙に出ていく放射が増えるという応答で調節されると述べた．この過程は「気候フィードバック」(climate feedback) と呼ばれ，その係数（1℃の温度上昇でどれだけ赤外線が増えるか）が大きければ気温上昇は小さいし，また逆でもある．しかし，この係数の真の値を知ることはそう簡単ではない．

　人体を例に考えてみよう．強い日射にさらされると，体温が上昇して赤外放射が増える（プランク応答，コラム3.2参照）が，あまり体温が上がると

人体にダメージが出るので，汗をかくことで気化熱を放出して調節する．同様に，気候システムにも，いろいろな種類のフィードバックがある．

　人体と違うのは，フィードバックによっては気温上昇を増幅する，いわゆる正のフィードバックの働きを持つ点である．典型的なのが，気温上昇が飽和水蒸気圧の増加を通じて大気中の水蒸気を増やし，CO_2 以上の温室効果ガスである水蒸気がさらに気温を上昇させる，という水蒸気のフィードバックである．この効果により，プランク応答だけの場合に比べて気温の上昇は75% 増しにもなる．正のフィードバックとしては，他にも気温上昇が極域の雪氷融解を促進し，もともと日射を反射していた雪氷が縮小することでより日射の吸収が増えて気温を上昇させるという氷－アルベドのフィードバック，気温上昇が日射を反射する役割を持つ雲の被覆を減らすことでさらに気温が上昇するという雲のフィードバックがある．気候フィードバックの係数は，これらの（もともとはミクロな）過程の総体として決まってくるため，気候シミュレーションで正しい値が得られる保証がなく，地球観測を充実させるだけでもわからない．科学としての温暖化の問題はだいぶ解決されてきたが，未だに不確実性が残る．その最も大きな原因は，気候フィードバックに対するわれわれの理解が不十分だからであると言える．

　図 3.1 に示したエネルギー収支は，増え続ける GHGs に対する過渡的な気候の変化を表している．仮に，大気中の GHGs 濃度が一定になり，長い時間が経てば，気候は（今よりも暖かい状態で）落ち着くはずである．そのとき，海洋はそれ以上の熱を吸収しないので，気温上昇量は放射強制力を気候フィードバックの係数で割った値として得られる．とくに，GHG として CO_2 のみを考え，大気中の CO_2 濃度が倍になったままで気候が落ち着いたときの全球平均地表気温の上昇量は，平衡気候感度（ECS: Equilibrium Climate Sensitivity）と呼ばれ，温暖化の科学において最も基本的な物理量とみなされている．平衡気候感度は，現実的な共通シナリオに対する気温上昇の指標となっており，さらに 3.6 節で述べるカーボンバジェットの見積もりにおいても重要であるため，ECS のできるだけ正確な推定値を得ることは気候科学の課題である．IPCC 第 6 次評価報告書では，最良推定値が 3℃，その不確実性（66% の推定幅）が 2.5-4℃ と評価されている．

真鍋先生はなぜ偉いのか？

　温室効果の発見は，19 世紀のスヴェンテ・アレニウスまでさかのぼるが（渡部，2018）（1.4 節参照），実際に観測される地球大気の鉛直分布を対象に，CO_2 濃度が変わると気温がどう変化するかを大気放射の物理に即して計算したのは，2021 年にノーベル物理学賞を受賞したプリンストン大学の真鍋淑郎先生である（Manabe and Strickler, 1964; Manabe and Wetherald, 1967）．

　その結果が図 3.4 に示されている．CO_2 濃度が倍になったときの地表気温変化（すなわち現在で言う平衡気候感度）は，2.36℃ と求められている．真鍋先生の数値モデルにはプランク応答と水蒸気のフィードバックしか含まれていないので，IPCC 報告書の 3℃ よりは小さい結果になるが，この結果は最新の気候モデルで同様にプランク応答と水蒸気のフィードバックのみを考慮したときとほとんど変わらない．こうした結果を 50 年近く前に得ていた

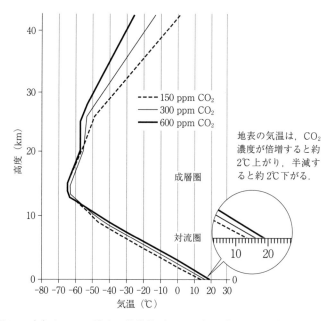

図 3.4　大気中の CO_2 濃度が基準値（300 ppm）の半分および倍になったときの気温の鉛直分布の変化．円内は地表付近を拡大して示したもの．
（Manabe and Wetherald（1967）の図をもとにノーベル賞選考委員会が作成した解説資料 https://www.nobelprize.org/prizes/physics/2021/popular-information/ より）

点が真鍋先生の先駆者としての偉さである.

さらに図 3.4 をよくみると，CO_2 濃度倍増によって，対流圏界面（高度 15 km 付近の屈曲点）が上方にずれ，成層圏（圏界面より上の大気層）が寒冷化するという応答がわかるが，これらの変化はずっと後になって観測データで確かめられた．理論的計算が現実の変化を正しく予測した好例と言える.

3.3.2　温暖化のシミュレーション

CMIP6 とは？

将来の気候変化を「予測」する大まかなやり方（3.1 節），そこで用いられる GHGs 排出量のシナリオ（3.2.2 項）および気候モデル・地球システムモデルの概要（コラム 3.1）がわかったとして，具体的に，いつだれが温暖化のシミュレーションを実施しているのだろうか．原理的にはやりたい人がやりたいようにやればいいわけだが，温暖化のように重要な問題では，シミュレーションの設定を統一しておかないといろいろと問題が生じる.

そこで，世界気象機関（WMO: World Meteorological Organization）傘下の世界気候研究計画（WCRP: World Climate Research Programme）が，気候シミュレーションの規格を統一して，モデルを有する各国の大学・研究機関と協力して設定から出力形式の標準化，データの共有まで責任をもって行っている．これが，1995 年に開始されて現在まで続く結合モデル相互比較プロジェクト（CMIP: Coupled Model Intercomparison Project）と呼ばれる国際共同研究プロジェクトである．CMIP が統括して行われる多くのシミュレーションのデータは，世界中の研究者に無償で公開されており，IPCC 報告書ではそのデータを用いて出版された論文を引用する形で，将来の気候変化に対する科学的評価を行う．したがって，IPCC 報告書作成と CMIP のシミュレーション実施は 6-7 年のサイクルで連動しており，たとえば最新の第 6 次評価報告書には，外部境界条件（GHGs など）およびモデルを更新して実施された第 6 期 CMIP（CMIP6）のデータが活用された．ちなみに，国内で CMIP に継続して参加しているのは，気象庁気象研究所と，東京大学・海洋研究開発機構・国立環境研究所の合同チームの 2 つである.

この分野になじみのない読者は，「放射強制力さえ推定できているならば，

気候の応答をもっと理論的に解けないのだろうか？」「なぜ世界中のモデル
を使って大規模なシミュレーションをしなければいけないのか？」と思うか
もしれない．確かに，地球全体の気温変化のみが対象ならば，3.2.1 項で説
明したエネルギー収支のような簡便な理論で気候の応答を理解することがで
きる．しかし，社会が現在求めている，地域の気候変化，極端気象や大気海
洋の流れの変化，および極域海氷や陸域環境の変化など，多様なシステムの
変化は簡易な理論で解くことができず，システムを物理法則（場合により化
学・生物の法則も）に従って模倣した数値モデルによってしか解く手段がな
い．かつ，気候システムを記述するには古典物理で十分だが，一方で理解す
るには複雑性の科学も必要である．多様な気候システムをモデル化する方法
は唯一ではなく，世界中の多数のモデルはそれぞれ細部で異なる．すなわち，
気候科学における数値モデルは理論の延長というよりも仮想実験室の意味合
いが強く，それゆえ次項で述べるように解に不確実性が存在する．これが，
CMIP のような研究プロジェクトが必要な理由である．

　近年では，先進各国で気候変動適応のための国レベルの指針が定められて
おり，そこで必要となる詳細な温暖化「予測」データを，CMIP のデータか
らダウンスケーリング（統計手法あるいはモデルを用いて，データを細かい
メッシュに落とし込むこと）で作成する機会も多い．その意味では，CMIP
は基盤的気候研究，IPCC のような温暖化の科学的評価，社会の適応に使わ
れる気候サービス（climate service）と，複数の側面と持つと言える．

3.3.3　温暖化「予測」の不確実性

モデル・シナリオ不確実性

　われわれは日常的に確率情報をもとに判断する．天気予報で「午後の降水
確率は 80%」と聞けば傘を持ってゆく人が多いだろう．同じように，温暖
化「予測」を参照して社会の適応を考えるときに，確率あるいは確実性の記
述がないと判断に困ることになる．数値天気予報と違い，気候変化の「予
測」における不確実性には，複数の要因があることが知られている（Hawkins
and Sutton, 2009）．そのことを，IPCC 第 6 次評価報告書で示されている今世
紀末までの地球全体の地表気温変化を用いてみてみよう（図 3.5）．

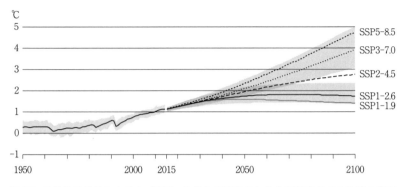

図 3.5 5通りの共通シナリオ（SSP）を与えて推定される今世紀末までの地球の表面気温の変化（1850-1900年を基準としている）．2015年以前は，既知の境界条件を与えた気候再現シミュレーションによる．2つのシナリオ（SSP1-2.6とSSP3-7.0）については，不確実性（90%推定幅）を陰影で示している．（IPCC WGI 第6次評価報告書「政策決定者向け要約」図 SPM. 8(a)より）

　3.2.2項で説明した5通りの共通シナリオを用いたCMIP6のシミュレーションでは，今世紀末の気温上昇には1.4-4.9℃の幅が生じる（図3.5の実線）．これはもちろん，将来の温室効果ガスの排出量がシナリオごとに違うからで，こうした「予測」のばらつきをシナリオ不確実性と呼ぶ．遠い将来では，このシナリオ不確実性が結果をばらつかせる一番の理由になっているが，2050年頃までの近い将来では，どのシナリオを使っても結果はそれほど違わない（シナリオ間でGHGsの排出量はすでに大きく違うが，気候システムの応答がゆっくりなため，すぐに地球全体の気温上昇量が大きく変わるわけではない）．

　ところが，同じシナリオを使っても，用いる気候モデルにより結果が異なってくる（図3.5の陰影）．そのばらつきはモデル不確実性と呼ばれ，今世紀末ではシナリオの違いを超えるほどではないが，近未来ではかなり大きくなる．地球全体の気温に関しては，同じシナリオでも気候感度の高いモデルでは大きな昇温を示すし，感度の低いモデルでは小さな昇温になる．簡単に言えば，シナリオ不確実性は将来の社会経済の変化がわからないことによる一方，モデル不確実性は気候システムの理解が不十分であることによるものであり，気候科学は後者の不確実性を狭める努力を続けている．

これら以外に，図 3.5 には示されていないが，モデルに与える初期状態に起因する結果のばらつき（初期値の不確実性）も近い将来については重要である．

地球温暖化レベル

　将来の社会経済構造次第で気候変化のようすが違うと，適応策などもその都度変えてゆかねばならないが，どうなのだろうか．これまでの気候科学の知見から，じつは気候変化の多くの特徴は，GHGs 排出経路にはよらず，地球全体の地表気温が何℃上昇するかという「温暖化レベル」（global warming level）という量で規格化できることがわかってきている．たとえば，温暖化レベルが 2℃ に到達する時期は共通シナリオ間で異なるが（図 3.5），到達した時期に気候がどう変化しているかは，どのシナリオでもさほど変わらない．

　そこで，IPCC 第 6 次評価報告書では，将来の気温分布，降水分布，極端気象などを，温暖化レベルで整理して（つまり複数のシナリオの結果を合成して）示すことにした．これにより，将来の気候変動適応を，特定の温暖化レベルにおける気候変化（シナリオによらない）と，その温暖化レベルの実現時期（シナリオで決まる）に分けて考えることが可能になった．言い換えれば，シナリオ不確実性は温暖化レベルの到達時期にのみ関わり，地域の気候変化などに関しては考慮する必要がないということである．ただし，温暖化レベルで規格化できない変化も地球システムには存在するため，それらを区別することは重要である．

3.4　工業化以降現在までの気候変化　　　　　　　　　　　小坂 優

気候の強制応答と内部変動

　先述の通り，気候変化「予測」の正しさはずっと先になるまで検証できない．そこで，モデルで過去の気候を再「予測」し，観測された気候変化を再現できるか検証することが，そのモデルによる将来「予測」の信頼性を担保するシンプルな方法であろう．この「気候再現実験」に与える境界条件（外

的に与える強制要因）は過去の観測値から推定した人為起源の GHG やエアロゾル，土地利用変化等に加え，自然起源の太陽活動変化や火山性エアロゾルなどである．気候再現実験は 19 世紀半ばから開始し，近年までをカバーする．

ではもしモデルが完璧で，与える強制要因も正確であったとしたら，モデルは過去の気候の推移を完璧に再現できるだろうか？　あるいは，モデルやそれに与える強制要因の精度が上がるにつれて，これまでの気候の推移の完全な再現に近づいていくだろうか？　現実はそう単純ではない．

気候システムは，3 次元に広がる大気と海洋の各地点でさまざまな量が時間変化していく巨大なシステムである．地球のエネルギー収支（3.2.1 項）はあくまで気候システム全体の平均であり，取り得る状態はこれだけで 1 つには定まらない．地球大気に内在する流れの不安定により天気は日々移り変わる．大気と海洋の相互作用により，年々から数十年もの周期を持つ変動も生成される．このような変動の大部分は，外的強制要因によって直接的に駆動されず勝手に時間推移する．これを「内部変動」と呼ぶ．人為起源の強制要因に直接駆動されないという意味で「自然変動」と呼ばれることもあるが，厳密には，火山噴火などの自然起源の外的強制要因によって駆動される変動も自然変動には含まれる．

話題を過去気候再現に戻そう．内部変動の時間発展は初期条件に依存するが，気候システムに内在するカオス性により，初期条件のわずかな違いだけで内部変動は数年以内にまったく異なる時間発展をたどるようになる．気候再現実験は 150 年を超えるシミュレーションで，内部変動を含めた気候の歴史を正確にたどることはあり得ない．

ではどうするか？　その 1 つの解が，気候再現実験を異なる初期条件から何度も繰り返し，内部変動が取り得る時間発展をなるべく多く網羅する「アンサンブルシミュレーション」である．観測データが，この気候再現実験アンサンブルの 1 つの「メンバー」とみなしておかしくなければ，そのモデルは現実の気候システムを（少なくとも表面的には）再現していると言える．ただし，これはあくまで統計的な振舞いの検証であって，複数の誤差の相殺など，誤った理由で合っている可能性が必ずしも排除できない点に注意して

ほしい.

検出と要因分析

　ある気候指標の観測された長期変化に対し，外部強制要因や内部変動の寄与を評価するのが「検出と要因分析」である．以下では最も代表的な気候指標である全球平均地表気温を例にみてみよう.

　図 3.6(a) は全球平均地表気温の観測された変化を，人為起源および自然起源の強制要因で駆動した気候再現実験，自然起源の強制要因のみを与えたシミュレーションと比較している．気候再現実験は観測された変化をアンサンブル内に捉えており，モデルと強制要因が適切であることを支持する．他方，自然起源の強制要因のみを与えたシミュレーションは観測された変化を捉えていない．このことは，観測された全球平均地表気温変化に対する人為起源の影響を強く示唆する.

　検出（detection）とは，観測された変化が，内部変動の範囲を超えているかどうかを評価することである．観測された変化が内部変動だけで同じ期間に起こり得る範囲（実際にはたとえば 5-95 パーセンタイル範囲）を超えているとき，そこで考慮されていないなんらかの要因の影響が検出されたと言える．この考え方は統計学の有意性検定に似ている．有意性検定では，ランダムなノイズを持つ母集団から有限個のサンプルを抽出した際の偶然の偏りと比較する．しかし，ゆっくりとした自然変動が統計的に有意な変化を作り出すこともあるため，観測された変化（たとえば線形トレンド）の有意性を検定することは検出とは異なる.

　要因分析（attribution）はさらに，観測された気候指標の変化に対する各強制要因や内部変動の相対寄与を定量化する．図 3.6(b, c) は 19 世紀後半を基準とした 2010-2019 年平均の全球平均地表気温の増分の観測値（地球温暖化レベル）とその要因分析結果で，後者はコラム 3.2 でみたような個別強制要因で駆動したモデルシミュレーション群と観測値との比較に基づく．シミュレーションと観測値を直接比較した図 3.6(a) とは異なり，強制要因やモデルの応答のバイアスの可能性を考慮した解析処理がなされている．結果は，人為起源の寄与が観測値を不確実性の範囲に内包しており，最適推定値は観

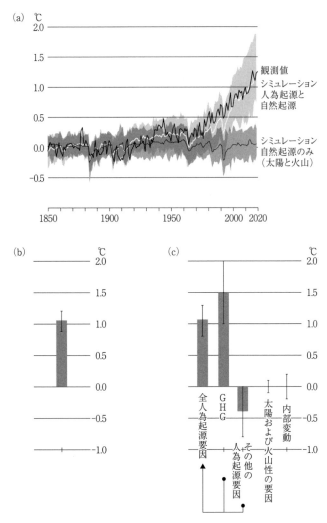

図 3.6　全球平均地表気温の変化の歴史とその要因．すべて 1850-1900 年平均を基準としている．

　（a）全球平均地表気温年平均値の変化の観測値（黒太線）と，人為起源および自然起源の両方の強制要因を考慮した気候再現実験（白線）および自然起源の強制要因のみを考慮したシミュレーション（黒細線）との比較．モデルシミュレーションはアンサンブル平均を実線で，アンサンブルの 5-95 パーセンタイル幅を陰影で表している．

　（b, c）2010-2019 年平均の観測された温暖化レベル（b）と，それに対する各強制要因の寄与のモデルに基づく評価（c）．エラーバーは不確実性幅を表す．（IPCC WGI 第 6 次評価報告書「政策決定者向け要約」図 SPM. 1, SPM. 2 に基づく）

測値とよく一致する．自然起源強制要因（太陽変動と火山噴火）と内部変動の寄与はずっと小さい．よってこの全球平均地表気温変化のほとんどが人為起源と結論される．

図 3.6(c) は人為起源要因をさらに分解し，GHG による昇温の一部がその他の人為起源要因の寄与によって相殺されたことを示している．この GHG 以外の強制要因のうち，最も重要なのはエアロゾルで，その増加は地球を冷やす方向に働く．人為起源エアロゾルは 20 世紀半ば以降増加したが，健康に悪影響を及ぼすためその後排出削減に向かっており，今後削減が進めばさらなる温暖化に寄与することがわかる．このように，要因分析は将来変化が過去変化の延長とは限らないことを明らかにする．

この結果から，エアロゾル排出で気候変化を抑制できると考えるかもしれない．だが，エアロゾルは降水量や大気循環に大きな影響を持つ．1950 年代から 1980 年代にかけて進んだサヘルの干ばつに人為起源エアロゾル増加の影響が指摘されている．地表気温上昇は気候変化の 1 つの側面に過ぎず，対象とする気候指標や期間によって変化の要因は異なるのである．

検出と要因分析は，モデルの性能評価と密接に関わっている．気候再現実験が過去の変化を捉えられることはモデルの性能の根拠であると同時に，そのモデルに基づく要因分析に信頼性を与える．一方，モデルが捉えられないような特徴も依然として存在し，その原因の究明とモデルの改善に向けて研究が進められている．

イベントアトリビューション

近年，極端高温や豪雨などの異常気象の発生に際し気候変化との関連が注目を集めている．1 つのサンプルに対し統計的有意性が検定できないように，1 回の異常気象などの極端イベントに対し検出と要因分析の考え方はそのまま適用できない．しかし，極端イベントの発生確率に人為起源の気候変化が与えた影響を評価することは可能である．これが「イベントアトリビューション」である．

極端イベントは内部変動なしでは起こり得ない．与えられた境界条件下でのある平均状態の周りで，内部変動が作り出す揺らぎが気象要素の確率密度

分布を作り出す．頻度分布だと思ってもよい．大規模なアンサンブルシミュレーションを行うことで確率密度分布を評価できる．この分布は，気温や降水量など指標によって違うし，地域や季節にもよるだろう．そして，この確率分布の端の方にある，平均値から大きく外れた低確率の状態が極端イベントに対応する．

　気候変化に伴って確率密度分布も変化する．そこで，同じモデルで人為起源の強制要因を除いたアンサンブルシミュレーションを行う．人為起源影響のある／なしに対応する2つの確率密度分布において，ある極端気象の発生確率の違いや，同じ確率で起こる極端気象の強度の違いを比較することで，その極端気象イベントに対する人為起源影響を評価することができる．日本ではイベントアトリビューション研究が活発に行われており，たとえば2018（平成30）年7月の猛暑は人為起源影響なしではほぼ起こり得なかったことが示されている（Imada *et al.*, 2019）．

3.5　21世紀末またそれ以降の将来の気候変化 岡 顕

地表気温の変化

　3.2.2項で述べたように，将来の気温上昇がどの程度の大きさになるかは，想定するシナリオに大きく依存する（シナリオ不確実性：図3.5の線ごとの違い）ことに加え，用いるモデルによっても違いが生じる（モデル不確実性：図3.5の陰影部分）．このような不確実性はあるものの，地球温暖化の進行によってどのような気候変化が引き起こされるかについては，物理メカニズムに基づいてある程度想定できるものも多い．

　この節では，IPCC報告書で述べられている21世紀末（西暦2100年頃）における将来の気候変化について，いくつか取り上げて解説していこう．まず，図3.7に温暖化シミュレーション結果により得られた今世紀末における地上気温の変化を示す．地表近くでの気温変化としては

1. 基本的には地球上のどこでも気温は上昇する
2. 高緯度域，とくに北極海付近での気温上昇が大きい
3. 海上よりも，陸上での気温上昇が大きい

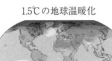

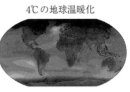

1.5℃の地球温暖化　　　　2℃の地球温暖化　　　　4℃の地球温暖化

0 0.5 1 1.5 2 2.5 3 3.5 4 4.5 5 5.5 6 6.5 7 ⋯→
変化（℃）　　　温暖→

図3.7　1850-1900 年を基準とする年平均気温の変化（℃）
　全球平均気温が 1.5℃，2℃および 4℃ほど昇温する場合の気温分布の変化．第6期結合モデル相互比較プロジェクト（CMIP6）のモデルシミュレーション結果から作成．（IPCC WGI 第6次評価報告書「政策決定者向け要約」図 SPM. 5(b)より）

などの特徴が挙げられる．1 については，代表的な GHGs である CO_2 は大気中で効率よく混合しており，その大気中の濃度は地球上のどこでもほぼ均一に上昇するからである．2 については，海氷や積雪の減少に伴う氷－アルベドフィードバックをはじめとしたさまざまなフィードバック効果により，高緯度域での昇温が他の地域に比べ増幅するためである．3 については，陸のほうが海に比べて温まりやすい（熱容量が小さい）という過渡的な応答によるものに加えて，後に述べる大気の水循環の強化に伴い，海上での蒸発が活発になることも反映している．

大気循環と降水量
　次に，大気状態の変化の特徴としては
　1．成層圏の気温は低下する
　2．熱帯域と中高緯度では降水が増加，亜熱帯域では降水が減少する
　3．ハドレー循環やウォーカー循環といった大気大循環が弱化する
　4．ジェット気流（偏西風の極大位置）が高緯度方向にシフトする
などが指摘されている．1 については一見すると不思議な応答であるが，地表近くの気温上昇の要因が GHGs の増加であることを裏付けする結果でもあり，図 3.4 の真鍋先生のシミュレーション結果からも同様な応答が確認できる．2 については，気温上昇により大気中に含まれる水蒸気量が増え[3]，

大気の水循環が活発化するためである．大気の水輸送が強化することに伴い，もともと雨の多い熱帯域での雨は増加し，乾燥域である亜熱帯域は雨が減りますます乾燥化するという概念は"Wet Gets Wetter"（WeGW）パラダイムと呼ばれている（Held and Soden, 2006）．3と4の例のように，大気の水循環が強化することは地球規模での大気大循環にも影響する．つまり，熱帯域では積雲活動が強化することに伴い，地表近くよりも対流圏上部での気温上昇が大きくなる．このことは，赤道付近での大気の安定度を高めることでハドレー循環やウォーカー循環を弱化させる一方，熱帯域の拡大をもたらすことで，熱帯と中緯度の間に流れるジェット気流を高緯度側へシフトさせると考えられる．

極端現象

近年とくに注目が高い極端現象については，

1. ほとんどの陸域で寒い日の頻度は減少，暑い日の頻度は上昇（ほぼ確実）
2. ほとんどの陸域で継続的な高温／熱波の頻度や持続時間が増加（可能性が非常に高い）
3. 大雨の頻度，降水量の増加（中緯度の大陸のほとんどと熱帯域で可能性が非常に高い）
4. 干ばつの強度や持続時間の増加（確信度は中程度）
5. 強い熱帯低気圧の活動度の増加（どちらかといえば）

などの指摘がされている．気温上昇に伴う1や2の変化に加えて，気温上昇により大気中に含まれる水蒸気量が増える結果として，3-5の変化が顕在化すると考えられる．上記の括弧にはIPCC報告書を参考に確信度についての情報を記載したが，極端現象については確信度が低いものも多く，重要な研究テーマとして，3.4節で述べたイベントアトリビューションの手法を駆使するなどして，精力的に研究が進められている．

---

3 飽和水蒸気圧と温度の関係は熱力学のクラウジウス・クラペイロンの式で表され，飽和水蒸気圧は温度上昇とともに増加するため，高温の空気ほどより多くの水蒸気を含むことができる．

陸域，雪氷圏

　地球温暖化の進行は，大気のみならず，気候システムにおけるさまざまな変化を引き起こす．雪氷圏の変化としては，

1. 北極海や北半球の氷や雪が減少する
2. 南極の海氷も減少が予測される（確信度が低い）
3. 永久凍土の融解が拡大する
4. グリーンランド氷床は 21 世紀を通して減少し続ける
5. 南極氷床は 21 世紀を通して減少し続ける（確信度が低い）

などの指摘がある．どれも温暖化の進行によって当然起こりそうなことではあるが，2 についての確信度が低いのは，南大洋での気温変化は比較的ゆっくりと進行することに加えて，大気大循環の変化（ジェット気流の変化など）の影響も大きいためである．5 についての確信度も低くなっているが，温度上昇による融解の増加に加えて，水循環の強化によって南極域での降雪が増加することも予測されており，南極氷床が正味で減少するか増加するかについては議論が続いているためである．

海洋の変化

　海洋で起こる変化としても，さまざまな指摘があるが，ここでは

1. ほぼすべての海域で海面水温が上昇する
2. 世界の海面水位は上昇する
3. 大西洋子午面循環が弱化する（確信度は中程度）
4. 海洋の酸性化が進行する

を挙げておく．2 については，海水の熱膨張，山岳氷河の融解，グリーンランド氷床と南極氷床の融解，などの寄与によって引き起こされる．各要因の寄与については，どの排出シナリオについても海水の熱膨張が最も大きいとされているが，氷床の融解については海洋と氷床とをつなぐ棚氷のプロセスの理解に不十分な点が多いなど，今後解明すべき課題も多く残されている．3 については，地球温暖化の進行が地球規模での海洋大循環にも影響を与えるという一例であり，海洋上層での水温上昇，大気水循環の強化に伴う高緯度域での降水の増加，氷床の融解水の海洋への流入などが，北大西洋高緯度

域での沈み込みを起点とする海洋の深層循環の弱化を引き起こす可能性が指摘されている．また，地球温暖化の進行は，物理的な変化のみならず，さまざまな化学的・生物学的な変化も引き起こす．とくに4については，人為起源のCO_2を海洋が吸収することにより不可避に引き起こされる事象であり，海の生物や生態系に深刻な影響を及ぼすことが懸念されている．

ティッピングポイント

　この節の最後に，21世紀末よりもさらに先の将来に起こり得ることについても簡単に触れておく．大気に比べて応答に要する時間スケールが長い海洋や氷床については，たとえば21世紀末までに大気CO_2濃度に変化がなくなったとしても，その後も数百年から数千年間は変化が継続することになる．その変化のほとんどは，時間をかけてだんだんと小さくなっていくが，気候システムにはティッピングポイントと呼ばれるある閾値を超えることで突然の変化を引き起こす可能性が内在していることには留意が必要である．

　ティッピングポイントの具体例としては，氷床の崩壊や大西洋子午面循環の停止などが挙げられる．いくつかのティッピングポイントについては，21世紀中に超えてしまう可能性を指摘する研究例もあるものの，ティッピングポイントを超える条件についての正確な予測を行うことは現状のモデルでも難しく，その不確定性は非常に大きい．ティッピングポイントは，過去の気候変動を理解する上での重要な要素でもあり，それらに関わるさまざまなプロセスを1つ1つ理解するための研究が進められている．

3.6　カーボンバジェット　　　　　　　　　　　　河宮未知生

累積排出量と昇温との関係

　日本をはじめ，気候変動緩和策に取り組む多くの国々が「2050年までのカーボンニュートラル実現」を宣言している（United Nations, 2020）（コラム5.1参照）．緩和策立案のためには「いつまでに，どの程度の排出削減をすれば緩和目標を達成できるのか」という点についての見極めが当然重要になってくるわけであるが，こうした側面においても気候モデルによる予測は貢献

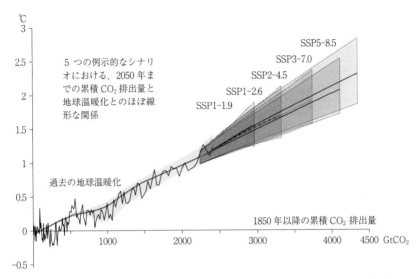

図 3.8 人間活動によって排出された累積の CO_2 排出量と，地球全体での平均表面気温上昇との関係．
線の種類の違いは排出シナリオの違いを示し，各国研究機関のモデルの差異をもとにした不確実性の範囲を陰影で表している．（IPCC WGI 第 6 次評価報告書「政策決定者向け要約」図 SPM. 10 より）

している．この場合，入力データとして CO_2 の濃度ではなく，人間活動による排出量そのものを与えられるよう，炭素循環過程を組み込んだ地球システムモデル（ESM: Earth System Model）（コラム 3.1 参照）が用いられることが多い．

　ESM を用いた研究成果のうち，緩和策立案への寄与の観点から最もよく知られたものが，図 3.8 に示す累積 CO_2 排出量と昇温量との間で成り立つ比例関係である（IPCC，2021；河宮，2021）．この図は，シナリオ別昇温時系列の図における横軸の暦年を，その年までの人為起源 CO_2 排出量で置き換えて作る．過去の年の CO_2 排出量は統計データから，将来の値については ESM による評価を加味して横軸の置換を行っている．時系列ではシナリオごとにまったく違っていた昇温予測が，図 3.8 では 1 つの直線上に重なっていることが興味深い．このことは，時系列図におけるシナリオ別の昇温の違いが，単に CO_2 の排出量の違いのみによっており，排出の時間的経路によ

らないことを示している．この図に示された「累積 CO_2 排出が大きいほど，気温も上がる」という関係は当たり前のようであるが，排出量が増えたときに正のフィードバックが働いて暴走的に温暖化が加速されたり，逆に温暖化が飽和して排出量が増えても温暖化がそれほど進まない，といった現象が起こることはないということも意味しており，ESM を用いて得られた貴重な知見と言える．

図 3.8 の比例関係を特徴づける比例定数は「累積排出に対する過渡気候応答」（TCRE: Transient Climate Response to Cumulative Emissions）と呼ばれる．気候変動に関する国際会議などでしばしば言及される 1.5℃や 2℃といった緩和目標達成のために，今後の排出量をどの程度にとどめておくべきか，という上限を評価するために重要な因子である．実際，図 3.8 で，1.5℃や 2℃の昇温に対応する累積排出量を簡単に読み取ることができる．

TCRE などに基づいて評価された，緩和目標に整合する CO_2 の総排出量はカーボンバジェットと呼ばれる．また，カーボンバジェットから現在までの排出量を差し引いた値は残余カーボンバジェット（RCB: Remaining Carbon Budget）と呼ばれ，今後必要となる排出削減量を検討する基盤となる．

カーボンバジェットの評価

2021 年に公表された IPCC の第 6 次評価報告書（AR6: 6th Assessment Report）では，産業革命以降の昇温を 1.5℃に抑えるための RCB は，2020 年初頭を基準として $500\,GtCO_2$ と見積もられている（表 3.1）．つまり，2020 年から積算を始め，CO_2 排出実質ゼロを達成するまでに，CO_2 質量に換算した排出量を 5000 億トン以内に抑える必要がある．これは現在の年間の人為起源 CO_2 排出量約 $40\,GtCO_2$ 10 数年分ほどの量にあたる．1.5℃目標の達成がいかに挑戦的な課題か，こうした数字を通して理解することができるであろう．ただし，見積もりには不確実性が伴うため，排出をこの量に抑えたとしても，昇温が 1.5℃を超える確率が 50% あると評価されていることには留意しておく必要がある．3 分の 2 の確率で 1.5℃目標を達成しようとした場合の RCB は $400\,GtCO_2$ と見積もられている．

世界各国の政府が協力して排出削減に取り組み，本稿執筆時の 2023 年か

表 3.1 （上）人間活動により 2019 年までにもたらされた気温上昇と累積 CO_2 排出量．（下）気候変動緩和目標に応じた残余カーボンバジェットの値．予測には不確実性が伴うため，目標達成の確率別に残余カーボンバジェットの値が記載されている．（IPCC WGI 第 6 次評価報告書「政策決定者向け要約」の Table SPM. 2 より）

1850-1900 年と 2010-2019 年の間の温暖化（℃）		これまで（1850-2019 年）の累積 CO_2 排出量（$GtCO_2$）		
1.07（確からしい範囲：0.8-1.3）		2390（確からしい範囲：±240）		

1850-1900 年基準での，抑制目標までのおおよその昇温（℃）	2010-2019 年基準での，抑制目標までのおおよその昇温（℃）	2020 初めを起点とした残余カーボンバジェットの評価（$GtCO_2$）抑制目標までに温暖化を抑えられる確率					非 CO_2 GHG の排出削減の変動
		17%	33%	50%	67%	83%	
1.5	0.43	900	650	500	400	300	非 CO_2 GHG の排出削減の増減に伴い，左の数字は 220 $GtCO_2$ 増減する可能性がある．
1.7	0.63	1450	1050	850	700	550	
2.0	0.93	2300	1700	1350	1150	900	

ら直線的に排出を削減して 2050 年に排出ゼロに到達した場合，それまでの排出量は 1.5℃ 目標に対応する RCB に近いものになる．ただし，それでも少し排出超過気味であるし，前述の通り RCB の評価には不確実性が伴うので，1.5℃ 目標を厳守しようと思えば，引き続き「負の排出」（人為的な CO_2 の吸収）に取り組む必要が出てくる可能性が高い．「2050 年カーボンニュートラル」の背景には，こうした科学的知見が背景にある．

比例関係が成り立つ背景

前に，CO_2 排出を続けたときに温暖化が加速するわけでも安定化するわけでもなく，比例関係を保ち続けることがわかったのは重要な知見であると述べた．実際，CO_2 排出から気温上昇にいたるプロセスの中には，温暖化を加速しうるもの，減速をもたらし得るものなどさまざまな要素が存在する．

たとえば，大気中 CO_2 濃度（$[CO_2]$ と表記）と放射強制力 F（コラム 3.2 参照）との間には，対数で表される関係 $F \propto \ln([CO_2]/[CO_2]_0)$ が存在することが知られている（$[CO_2]_0$ は産業革命以前の大気中 CO_2 濃度）．この式によれば，CO_2 濃度が高くなるにつれ，単位 CO_2 濃度増加がもたらす放射強制

力の増加は徐々に小さくなることになり，ひいては温度上昇幅も小さくなる．このことは，累積 CO_2 排出量が大きくなると温暖化が減速する方向に働く．

　一方で，表面気温の上昇が進むと海水が CO_2 を吸収しにくくなったり，土壌有機物の分解が進み陸域生態系が正味で吸収する CO_2 が減ったりすることが知られている（Friedlingstein *et al.*, 2006）．これは累積 CO_2 排出量が大きくなると温暖化がより加速する方向に働く．その他にも，いわゆる氷－アルベドフィードバックや，海洋熱吸収など，それぞれ温暖化の加速，減速をもたらしうるプロセスをいくつか挙げることができる．図 3.8 に示したきれいな比例関係は，温暖化の加速，減速をもたらすこうしたプロセスがたまたまバランスしてもたらされている，と理解することができる．したがって，現実離れした極端な CO_2 排出量を含むようなシナリオでは，図 3.8 の比例関係が成り立たないこともあり得る（MacDougall and Friedlingstein, 2015）．

カーボンバジェット評価に伴う不確実性

　残余カーボンバジェットは緩和策を検討する上で非常に有用な概念であるが，その評価には不確実性が伴う．不確実性をもたらす要因を整理するには，Rogelj *et al.* (2019) による定式化をもとに考えるとわかりやすい．

$$B_{\text{lim}} = (T_{\text{lim}} - T_{\text{hist}} - T_{\text{nonCO}_2} - T_{\text{ZEC}})/\text{TCRE} - E_{\text{Esfb}} \tag{3.1}$$

　ここで，B_{lim} は評価しようとする RCB，T_{lim} は 1.5℃ や 2℃ といった緩和目標，T_{hist} は RCB 評価時点までの人為起源の昇温，T_{nonCO_2} は将来の昇温に対する非 CO_2 GHGs（non-CO_2 GHGs）の寄与，T_{ZEC} はゼロ排出コミットメント（Jones *et al.*, 2019）で，GHGs の排出ゼロが達成されたのちの，排出ゼロ達成直前を基準とした気温変化を表す．また，E_{Esfb} は ESM 等で表現されていないフィードバックによる効果を表す．昇温には non-CO_2 GHGs も無視できない寄与をしていること，および累積排出量と昇温との比例関係はあくまで近似的なものであり，排出を完全に止めたとしてもその後ある程度の気温変化（T_{ZEC}）が生ずる可能性があることから，B_{lim} を評価する際には T_{nonCO_2} および T_{ZEC} を差し引く必要があることに留意されたい．

　式(3.1)右辺にあるすべての項に不確実性は伴うが，とくに TCRE の評価

に伴う不確実性が大きく，次いで，将来シナリオにおける non-CO$_2$ GHGs の取り扱いや大気成分の将来的な動態など，T_{nonCO_2} に起因する不確実性が大きいことが指摘されている．さらに，T_{hist} と T_{nonCO_2} の間の依存関係など，右辺各項の間に相互作用があり得ることも指摘されている．永久凍土の融解による CO$_2$ や CH$_4$ の放出などは近年になって ESM で考慮されるようになってきており，TCRE の評価に含まれていると考えることもできるが，モデリングの取り組みが始まったばかりの領域でもあり，E_{Esfb} で表される「表現されていないフィードバック」に含まれるプロセスに大きな見落としがないか，注視していく必要がある．

3章　引用・参考文献

Forster, P. M. (2016) Inference of climate sensitivity from analysis of Earth's energy budget. *Annu. Rev. Earth Planet. Sci.*, **44**, 85-106.

Friedlingstein, P. *et al.* (2006) Climate-carbon cycle feedback analysis, results from the C4MIP model intercomparison. *J. Climate*, **19**, 3337-3353. doi: 10.1175/JCLI3800.1

Friedlingstein, P. *et al.* (2022) Global Carbon Budget 2022 Carbon budget and trends 2022. *Earth System Science Data*, **14**, 4811-4900. doi: 10.5194/essd-14-4811-2022

Fujimori, S. *et al.* (2017) SSP3: AIM implementation of Shared Socioeconomic Pathways. *Global Environmental Change-Human and Policy Dimensions*, **42**, 268-283.

Goody, R. M. and Y. L. Yung (1989) *Atmospheric Radiation, Theoretical Basis*, Second Edition, Oxford University Press, 519pp.

Gulev, S. K. *et al.* (2021) Changing State of the Climate System. In Masson-Delmotte, V. *et al.* (eds.) *Climate Change 2021: The Physical Science Basis. Contribution of Working Group I to the Sixth Assessment Report of the Intergovernmental Panel on Climate Change*, Cambridge University Press, Cambridge, UK and New York, USA, 287-422. doi:10.1017/9781009157896.004

Hasegawa, T. *et al.* (2018) Risk of increased food insecurity under stringent global climate change mitigation policy. *Nature Climate Change*, **8**(8), 699-703.

Hawkins, Ed. and R. Sutton (2009) The potential to narrow uncertainty in regional climate predictions. *Bull. Amer. Met. Soc.*, **90**, 1095-1108. doi:10.1175/2009BAMS2607.1

Held, I. M. and B. J. Soden (2006) Robust Responses of the Hydrological Cycle to Global Warming. *J. Climate*, **19**, 5686-5699. doi: 10.1175/JCLI3990.1

Imada, Y. *et al.* (2019) The July 2018 high temperature event in Japan could not have happened without human-induced global warming. *Sci. Online Lett. Atmos.*, **15A**, 8-12. doi: 10.2151/sola.15A-002

IPCC (2021) *Climate Change 2021: The Physical Science Basis. Contribution of Working Group I to the Sixth Assessment Report of the Intergovernmental Panel on Climate*

Change, Cambridge University Press, Cambridge, UK and New York, USA. doi: 10.1017/9781009157896

IPCC, 気象庁監訳（2022）WGI 第 6 次評価報告書「政策決定者向け要約」, https://www.data.jma.go.jp/cpdinfo/ipcc/ar6/IPCC_AR6_WGI_SPM_JP.pdf

Jones, C. D. *et al.* (2019) The Zero Emissions Commitment Model Intercomparison Project (ZECMIP) contribution to C4MIP: quantifying committed climate changes following zero carbon emissions. *Geosci. Model Dev.*, **12**, 4375–4385. doi: 10.5194/gmd-12-4375-2019

Kriegler, E. *et al.* (2014) The role of technology for achieving climate policy objectives: overview of the EMF 27 study on global technology and climate policy strategies. *Climatic Change*, **123**(3-4), 353–367.

Lewis, J. M. (1993) Meteorologists from the University of Tokyo: Their exodus to the United States following World War II. *Bull. Amer. Met. Soc.*, **74**, 1351–1360. doi: 10.1175/1520-0477

Luderer, G. *et al.* (2018) Residual fossil CO_2 emissions in 1.5-2℃ pathways. *Nature Climate Change*, **8**(7), 626–633.

MacDougall, A. H. and P. Friedlingstein (2015) The Origin and Limits of the Near Proportionality between Climate Warming and Cumulative CO_2 Emissions. *J. Clim.*, **28**, 4217–4230. https://doi.org/10.1175/JCLI-D-14-00036.1

Manabe, S. and R. F. Strickler (1964) Thermal equilibrium of the atmosphere with a convective adjustment. *J. Atmos. Sci.*, **21**, 361–385.

Manabe, S. and R. T. Wetherald (1967) Thermal equilibrium of the atmosphere with a given distribution of relative humidity. *J. Atmos. Sci.*, **21**, 24, 241–259.

Moss, R. H. *et al.* (2010) The next generation of scenarios for climate change research and assessment. *Nature*, **463**(7282), 747–756.

Myhre, G. *et al.* (2013) Anthropogenic and Natural Radiative Forcing. In: Stocker, T. F. *et al.* (eds.) *Climate Change 2013: The Physical Science Basis. Contribution of Working Group I to the Fifth Assessment Report of the Intergovernmental Panel on Climate Change*, Cambridge University Press, Cambridge, UK and New York, USA.

Nakicenovic, N. *et al.* (2000) *Special Report on Emissions Scenarios*, Cambridge University Press, Cambridge, UK.

Nordhaus, W. and P. Sztorc (2013) DICE 2013R: Introduction and User's manual, second edition. http://acdc2007.free.fr/dicemanual2013.pdf

Riahi, K. *et al.* (2017) The Shared Socioeconomic Pathways and their energy, land use, and greenhouse gas emissions implications: An overview. *Global Environmental Change-Human and Policy Dimensions*, **42**, 153–168.

Riahi, K. *et al.* (2021) Cost and attainability of meeting stringent climate targets without overshoot. *Nature Climate Change*, **11**(12), 1063–1069.

Rogelj, J. *et al.* (2019) Estimating and tracking the remaining carbon budget for stringent climate targets. *Nature*, **571**, 335–342. doi: 10.1038/s41586-019-1368-z

United Nations (2020) Carbon neutrality by 2050: the world's most urgent mission. https://www.un.org/sg/en/content/sg/articles/2020-12-11/carbon-neutrality-2050-the-world%E2%80%99s-most-urgent-mission（2023 年 5 月 1 日閲覧）

van Vuuren, D. P. *et al.* (2011) The representative concentration pathways: an overview. *Climatic Change*, **109**(1-2), 5-31.

Wise, M. *et al.* (2009) Implications of limiting CO_2 concentrations for land use and energy. *Science*, **324**(5931), 1183-1186.

浅野正二 (2010) 大気放射学の基礎, 朝倉書店.

河宮未知生 (2021) IPCC 第 1 作業部会第 6 次評価報告書の概要. *Japan Geosci. Lett.*, **17**(4), 2-3.

中島映至・田近英一 (2013) 正しく理解する気候の科学——論争の原点にたち帰る, 技術評論社.

日本気象学会編 (2014) 地球温暖化——そのメカニズムと不確実性, 朝倉書店.

渡部雅浩 (2018) 絵でわかる地球温暖化, 講談社.

4 気候変動の人間社会と生態系への影響と適応策

4.1 影響と適応の考え方

芳村 圭

　現在進行中の気候変動，すなわち地球温暖化の影響が顕在化してきていることは，2023年7月の全球平均気温が観測史上最高であったことを示すまでもなく，夏の暑さが年ごとに酷くなってきているという実感をもって捉えられているところである．加えて現行の気候変動は，夏の暑さだけでなく，豪雨・洪水・干ばつ・暴風・豪雪といった自然災害の発生頻度，生態系の変容・絶滅危惧種の増減，農作物・海産物の生産高，人の健康状態，都市のあり方等々さまざまなものの変化に直接的・間接的な影響を与えている．一方で，そうした多面的かつ大きな変化が起きている中で，人間社会やそれを含む生態系が持続していくためには，どのようにしてそれらの影響を受け止めればよいのかを考える必要がある．

　こうした，気候変動の影響を科学的に理解し，これまでにどのような影響があり，今後どのような影響が起こるのかを「評価」し，そうした影響に対して何をどうすれば「適応」できるのかは，人間社会や生態系のこれまでの発展を見つめなおし，将来のあり方を考える上できわめて重要である．本章では，そうした気候変動の影響と，人間社会による適応について考えていく．本節では，本質的に多様な影響評価と適応策に共通する考え方について解説し，次節にて代表的な5つのセクターを取り上げ，それぞれにおける現状の影響評価と取り得る適応策について説明していく．なお，人為由来の気候変動の進行を止める，もしくは緩やかにするための考え方が緩和策であり，そ

れについては5章でくわしく述べていく.

気候リスクとは

はじめに,気候変動による影響の可能性,すなわち「気候リスク」について説明する.IPCCでは気候リスクを,「ハザード(hazard)」・「脆弱性(vulnerability)」・「曝露(exposure)」の掛け算によって表されると定義している.

まずハザードとは,気候変動によって生じる熱波や大雨等が増えたり減ったりすることによる,受け手からみると「外力」と呼べる部分のことである.近年そうした影響は,ハザードという用語から受ける負のイメージのものだけではないため,よりニュートラルな気候影響駆動要因(CID: Climatic Impact Driver)と呼ばれるようにもなってきているが,この章ではハザードで統一する.

次に脆弱性とは,感受性と呼ばれることもあるが,ハザードに対する受け手側の影響の出やすさのことである.たとえば洪水であれば,堤防の高さといったインフラ整備や,避難に対する備えなどが進んでいるかどうかに大きく関わってくる.

最後に曝露とは,ハザードに対して脆弱なところに資産や人がどれくらいあるか,ということを示す.洪水の例で言うと,氾濫の危険性の高い地域に資産が集積していれば曝露が大きいということになる.

つまり,ハザードが大きく,脆弱性が高く,曝露が大きいところでは,気候リスクが大きくなるが,逆に言うと,うまく資産や人々を分散させたり,インフラ整備や教育により脆弱性を取り除いたりすることで,気候リスクを下げることが可能だということでもある.このように,脆弱性と曝露の両者をいかに制御するかが,気候変動適応策の中心的な考え方になっている.

IPCC第6次評価報告書第2作業部会(以下,AR6 WGⅡ)では,こうした気候リスクの三要素と,気候変動・人間社会・生態系および生物多様性の関係性を,図4.1のように表現している.それぞれの項目が及ぼすおおむね悪い影響を太い矢印で,おおむねよい影響を細い矢印で示しており,気候変動は,ハザード・脆弱性・曝露を通じて,人間社会と生態系に主に悪い影響

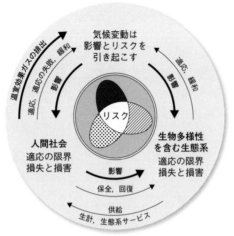

リスクのプロペラは，リスクが以下の要素が重なることによって発生することを示す．

…人間社会，生態系と
その生物多様性

図 4.1 気候リスクの三要素と，気候変動・人間社会・生態系お
よび生物多様性の関係性（IPCC AR6 WGⅡ SPM 図 1 より抜粋）

を与えること，人間社会と生態系は気候変動に適応・緩和すること，生態系
は人間社会に生計と生態系サービスを供給し，人間社会は生態系に悪い影響
を与えるとともに，回復および保全し得ることを示している．また IPCC
AR6 WGⅡは，2040 年以降，現行の気候変動は生態系と人間社会に対して
数多くのリスクをもたらすことを指摘している．そうした主要リスクには，
災害と移住，陸域生態系と食料，海洋生態系と水産，健康，都市と開発など
が含まれており，これらの項目については，次節で詳細を述べていく．

影響評価方法

　そうした複数の主要気候リスクにも挙げたように，一口に影響評価と言っ
ても，評価されるべき対象は多数に及ぶ．IPCC AR6 WGⅡでは，陸域生態
系・海洋生態系・水循環と水資源・食糧と農業・都市とインフラ・健康と福
祉・貧困と開発に関して，それぞれ独立した章をたててレビューを行ってい

る．それらを今後セクターと呼ぶ．各セクターでの影響評価は，その結果を俯瞰的・包括的に見比べることで，どのようなセクターにおけるリスクがどの地域に存在するのかということや，複数のリスクが同時にあるいは連鎖的に発生する可能性があるのかといった分析がなされている．たとえば，現行の気候変動に伴う季節の移り変わりの時期の変化によって，陸域・海洋生態系の構造と機能の劣化を引き起こしたり，生物の大量死現象が発生したりすることを通じて，陸域・海洋生態系に重大な損害と不可逆的な損失を引き起こしていることが指摘されている．さらに，気候変動がもたらすハザードは，食料および水の安全保障を低下させたり，あるいは人々の身体的・精神的健康に悪影響を及ぼしたりと，気候変動に起因する経済的損害は，複数の産業で生じている．

　一方で，それぞれのセクターにおける影響評価手法そのものは，基本的にそのセクターに特化した研究分野において発展してきたため，あまりセクター間で共有されてきてこなかった．試しに IPCC AR6 WGⅡの2章から8章で用いられている手法を，共通のフォーマットに照らし合わせて整理してみたところ，かなりばらついていることがわかった（図4.2）．この図では，横軸に将来予測の方法（X0：これまでの変化の観察から傾向を予想，X1：気候モデルによる予測を直接利用，X2：X1をダウンスケールしたもの，X3：X1もしくはX2からさらに別モデルを駆動しより詳細な気候ハザードを予測したもの），縦軸に影響評価モデルの複雑さ（Y0：追加的な影響評価モデルは用いない，Y1：経験的なモデルもしくは専門家の判断，Y2：データ駆動型の数理モデル，Y3：物理・生理プロセスを考慮した数理モデル）をとり，各セクターで使われている手法をプロットしている．なお本章では，気候変化の「予測」（3章冒頭参照）をもとに，さらにその影響を評価する場合には「予想」を使用して区別している．

　貧困と開発セクターや健康セクターは，物理的・生理的なプロセスを記述しにくいことからか，比較的粗い粒度の気候予測情報を入力情報としてデータ駆動型あるいは経験モデルを用いる傾向，すなわち図の左下に固まる傾向がある．陸域・海洋生態系や食糧と農業セクターは，図の左上に偏っており，比較的粗い粒度の気候予測情報を物理的・生理的なプロセスに基づいたモデ

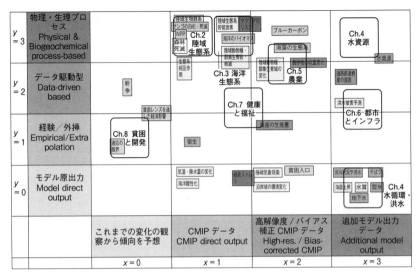

図4.2　7セクターの影響評価手法分類の試行結果
　IPCC AR6 WGⅡの2章～8章を読み，それぞれの章で扱われている影響評価手法の入力情報を横軸に，推計方法を縦軸にとって整理した．薄く背景にあるものはそれぞれの章でさらに細分化されているセクターを書き出したもの．（東京大学工学部社会基盤学科2022年度冬学期少人数セミナー「気候変動影響評価を体系的に理解する」の成果物より）

ルに与えて影響評価している傾向があることがわかった．一方水資源と水循環セクターでは，水資源への影響評価は図の右上にあり，気候ハザードモデルを介した粒度の細かい情報を，陸域水循環モデルや河川モデルといった別の特殊なモデルに与えて影響を評価しているが，水害評価では，図の右下，すなわち気候ハザードモデルによる出力がそのまま評価されていることなどがわかった．

適応の分類

　気候変動への適応とは，気候変動による危害を軽減したり，便益を活かしたりするために，人間社会や生態系が順応するプロセスであり，前述した通り，気候変動に対する脆弱性および曝露を制御する役割を担う．生態系システムのように，生物的なプロセスによって自発的に変化（進化）することは自律的（autonomous）な適応と呼び，人間社会システムが，将来発生しうる，

もしくはすでに発生した影響を減じるために行う計画的（planned）な適応と区別することが多い．また，そうした人間社会システムにおける適応は，将来発生する影響に対して行う予見的（proactive）な適応，すでに発生している影響に対して行う反応的（reactive）な適応に分けられる．

　現在の適応状況について，IPCC AR6 WGⅡは，すべてのセクターで実施されているものの，その進捗は不十分で，特に変革的（transformational）な適応が少ないことを指摘している．変革的な適応とは，気候変動とその影響について予見的であり，かつ社会生態系の基本的な属性を変化させるものである．たとえば水害という気候変動リスクについて，保険をかけるだけでも適応と言えるが変革性は乏しい．堤防などの水工防護施設を建造・増築し，水害に対する防護性能を高めること，さらには都市計画そのものを作り替えて水害にレジリエントな土地利用区分を設定し直すことが，より変革性が高いと考えられている．

　一方で，適応したとしても損失と損害を免れない適応の限界（adaptation limits）が存在することも留意しなければいけない．その際，ソフトな限界・ハードな限界という考え方がわかりやすい．ソフトな限界とは，適応策は存在するものの，何らかの理由（経済的・財政的・人的能力的等）で実施できない状態にあること，ハードな限界とは，そうした適応策自体が存在しないことを示す．

　加えて，不適切な適応（maladaptation）にも注意する必要がある．気候変動の影響が複数のセクターにまたがるものであることはすでに述べたが，適応策も同様に，複数のセクターにまたがる効果があることを考慮しないと，全体的・長期的にみて気候リスクが下がらないもしくは増大するということも起こり得る．

気候変動に対して強靭な開発

　こうした気候リスク並びに適応の現状および予測から，世界的に，気候変動に対して強靭な開発（CRD: Climate Resilient Development）のための行動が必要となってきている．CRD とは，「人間および地球の健康と福祉，衡平（equity）と正義（justice）を守る方法で，万人のための持続可能な開発

を支援するために，温室効果ガスの緩和と適応のオプションを実施するプロセス」と定義されている．しかし，これまでには地球規模での CRD は進められておらず，今後 10 年間の社会的選択と行動によって，気候変動に対して強靭な開発が実現するかどうかが決まるという警鐘が鳴らされている．

適応の政策

　国際連合環境計画（UNEP: United Nations Environment Programme）は，国連気候変動枠組条約（UNFCCC）締約国 197 カ国の 84％が，適応計画，戦略，法律，および政策を策定していると報告した（UNEP, 2022）．その増加傾向については，成功を認めているものの，こうした計画や戦略を行動に移すための資金調達については，とくに途上国に対して，推定されるニーズを 5-10 倍下回っており，そのギャップは拡大し続けているとも指摘している．今後気候リスクがさらに加速し，適応行動が追いつかなくなるようなことを避けるためにも，さらに踏み込んだ財政支援と，緩和策との関連性を考慮したより効率的な計画が必要となる．

　わが国においては，2018 年 6 月に気候変動適応法が制定された．その構成としては，大きく 1)「適応の総合的推進」，2)「情報基盤の整備」，3)「地域での適応の強化」，4)「適応の国際展開等」，の 4 つに分けられている．特に 1 つめの「適応の総合的推進」では，政府が気候変動適応計画を定めることとされ，実際に 2021 年 10 月に気候変動適応計画が制定された．この計画は，日本政府全体として関係省庁同士が連携・協力しながら着実に適応策を実施していくためのものであり，適応策の効果を調べた上で，5 年に一度見直されることとなっている．

コラム 4.1　影響評価手法群　　　　　　　　　　　　　　　　　芳村 圭

　IPCC の評価報告書は，伝統的に 3 つの作業部会構成となっており（コラム 1.3 参照），コラム 3.1 での「地球システムモデル」，コラム 3.3 の「統合評価モデル」はそれぞれ第 1 作業部会と第 3 作業部会の中で重要な役割を担っ

ているツールである．同様に第2作業部会で重要な役割を担うツールが，影響評価手法群である．「群」と呼んでいるのは，本章でも触れた通り，各セクターにおいてそれぞれの影響評価手法が開発されてきたためである．その中には計算プログラム的にかなり複雑な「モデル」も存在するが，経験的な回帰関数による簡素なものもあり，きわめて多様な手法が存在している．

　勘の鋭い方はお気づきかと思うが，こうした影響評価手法群は，上記の3つの作業部会からなる IPCC のやり方では，ラストランナーになる．すなわち，統合評価モデルが作成した GHG 排出シナリオを地球システムモデルが受け取り，地球システムモデルがシミュレートした将来の気候の状態の変化を影響評価手法群が受け取り，最終的に生態系や人間社会への影響やリスクが評価されているのである．こうした形で1回分の IPCC 評価報告書のサイクルは終了するが，推計されたさまざまな影響を元に緩和策や適応策が検討され，再度統合評価モデルによるシナリオ作成に受け取られ，次回のサイクルにつながっていく．

　このように，影響評価手法群を用いた気候リスクの定量化が行われてきているが，その目的は「気候変動に対して強靭な開発」を目指した，より適切な適応策の提案である．そのためには，気候変動の影響そのものが本質的に多様であり複雑であることに加え，セクターごとの影響が重なり合ってより大きなリスクとなる複合イベント（compound event），とあるセクターでの影響が別のセクターの影響を引き起こして大きなリスクとなる連鎖的イベント（cascading event）が生じることも考慮に入れなければならない．そのため，従来は影響評価手法「群」で行っていた，それぞれ独立したセクターごとの影響を，セクター間の相互作用も考慮する形で横断的かつ包括的に評価していくことが，今後はより必要となってくることが予想されている．そういった取り組みの1つが，ISIMIP（The Inter-Sectoral Impact Model Intercomparison Project，セクター横断影響モデル相互比較プロジェクト）であり，水や生態系，食糧，エネルギーなどさまざまなセクターへの影響を包括的に評価している．また，東京大学 気候と社会連携研究機構（「はじめに」参照）でも，さまざまなセクターに関する研究者が集結し，各セクターにおける影響評価手法を相互に理解した上で，それらの相互作用を加味して複合影響をより正確に見積もるための「影響評価手法群の統合」を試みている．そうすることで，「気候変動に対して強靭な開発」への総合的かつ具体的な道筋を提示できるようになるはずである．

4.2　各セクターでの影響評価・適応策

4.2.1　自然災害と防災　　　　　　　　　　　　　　　　　山崎 大

気候変動と自然災害

　現在進行中の人為起源の気候変動では，温室効果ガスの濃度上昇による平均気温の上昇だけでなく，気温の変動性・降雨パターン・降雪と融雪・土壌水分や地下水・河川流況といったさまざまな気候・気象・水循環の変化を引き起こす．極端な気候・気象・水循環の変動は，熱波・豪雨・干ばつ・森林火災・洪水・高潮などの災害として人類の生命や健康，あるいは社会経済活動に悪影響を及ぼす．そのため，気候変動によって自然災害の発生頻度や規模がどのように変わるか，それにより人類はどのような影響を受け得るかについて，さまざまな地域を対象に幅広い研究が行われている．

　IPCC の第 6 次評価報告書（AR6）によると，世界中のすべての地域で気候変動は気候・気象・水循環の極端現象の強度や頻度にすでに影響を及ぼしている（IPCC, 2022）．数十年に一度起こるような自然災害は，気候や気象の自然変動の中でランダムに発生する極端現象であるため，現在進行中の気候変動がそれらに影響を及ぼしているかを科学的に特定することは近年までは難しいとされていた．しかし，とくに 2010 年以降は地球温暖化のシグナルが顕在化しており，これまでは数十年に一度しか起きなかったような熱波や洪水などの災害が頻発するようになった．さらに，現地観測や衛星観測を含む気候・気象のモニタリング情報の充実や，人為起源の温暖化が起きなかった場合の世界を再現する気候シミュレーション技術の進展などにより，近年発生した大規模災害の多くに地球温暖化が少なからず寄与していることを，科学的に説明することが可能になってきた．たとえば，2019 年台風 19 号は，現在進行中の温暖化によって総降水量が約 10% 増加したことが，数値シミュレーションで分析されている（Kawase *et al.*, 2021）．

　現在だけでなく将来の自然災害についても，気候モデルを用いた長期シミュレーションによって，気温上昇に伴ってさまざまな自然災害が激化して人

類に深刻な影響を及ぼすことが予想されている．気候変動による自然災害の増加はすでに起きつつあり，将来より深刻化することが確実であるため，それにより人類が受ける影響を適切に評価して，効果的な適応策をとることが求められている．

将来予想される自然災害の変化

　気候変動によって様相が変わる自然災害は多岐にわたる．最も直接的なものは気温変化であり，平均気温の上昇だけでなく，最高気温や最低気温などの極値にも影響が及ぶ．極端な高温（すなわち熱波）の頻度および強度の激化が世界中のほぼすべての地域で観測されており，温暖化が進むと高温継続期間，暑い日の頻度と強度のすべてが増大する．

　地球温暖化は降雨パターンにも大きく影響する．気温が上がると大気が保持することができる水蒸気量が増えるため，豪雨時により多くの雨が地上に降り注ぐことになる．気温ほど顕著ではないが，豪雨の強度および頻度が増加している地域が世界的には多く，温暖化が進行するにつれてその傾向はより顕著になると予測されている．一方で，大気が保有できる水蒸気量が増えるということは，乾燥域では気温上昇も相まって陸域からより多くの水が蒸発によって大気に奪われることになる．つまり，気温上昇は豪雨と干ばつの両方を激化させることになる．これは気候変動が地球水循環を変化させる「Dry gets drier, and wet gets wetter」パラダイムとして提示されており（Held and Soden, 2006），どのような地域で水循環の変動が大きくなるかなどについて現在もくわしく研究が続けられている（3.5 節参照）．

より複雑な災害メカニズム

　気候変動がより複雑なメカニズムの気象災害・水文災害に与える影響の研究も進んでいる．たとえば，東アジア域では台風による災害が温暖化でどう変わるかに関心が集まっているが，気温上昇に直接的に影響を受ける熱波や豪雨に比べて，台風の発生と発達にはさまざまな要因が絡んでいるため将来予測が難しかった．しかし，気候シミュレーション技術の高度化によって温暖化により台風がどう変化するかもわかりつつある．IPCC AR6（IPCC,

2021）では，2度の気温上昇に対して，発生する台風の数は熱帯域の大気が安定化するために約14%減少する一方で，台風発生数に対する強い台風の割合は約13%増加し，台風1つあたりの平均降水量は12%増加すると報告されている．台風がどのような災害をもたらしうるかは台風の経路や進行速度にも依存するため地域ごとに異なるが，現在もさまざまな影響分析が進められている．

　また，極端降雨の増加は河川の洪水災害にもつながり，近年洪水災害が続いている日本では主要な気候変動リスクの1つとして懸念されている．河川洪水は，降雨量に加えて，地表面における蒸発・浸透・流出・河川流下などさまざまな物理プロセスの連鎖の結果起こるものであり，また気候変動だけでなく森林伐採や都市化などの土地利用変化やダム・堤防・遊水池といった洪水防護設備の建設など人間活動の影響も受けている．気候変動とそれ以外の人間活動の両方に影響を受けるため，近年頻発している洪水の原因が温暖化にあると言い切るのは難しい．それでも，近年は世界各地で河川洪水災害が頻発しており，多数のケースで気候変動が洪水を激化させた原因であると特定されている（Carbon Brief, 2022）．シミュレーションを用いた将来予測でも，東〜南アジア・アフリカ・南米・北西ヨーロッパ・北アメリカ東部などで洪水の頻度と規模が増加することが予測されている（Hirabayashi *et al.*, 2021）．

　河川流量の変動は，洪水災害だけでなく人類が利用可能な水資源という観点からも重要であり，農業・工業・都市用水，水力発電や火力・原子力発電の冷却水，舟運やレクリエーションなどさまざまな用途で活用されており，河川水の不足，すなわち渇水はさまざまなセクターに影響をもたらす．気候変動により降水量の変動性が大きくなると渇水のリスクも増大する．近年では，2022年夏にはアメリカ西部・ヨーロッパほぼ全域・中国長江流域で，降雨量の季節的な減少によって大規模な干ばつが発生して，農業や生活用水に大きな影響が出た．2019年には東南アジアのメコン川で大規模な渇水が発生したが，これについては降水量の減少だけでなくダム建設も影響を及ぼしていると考えられる（Vu *et al.*, 2022）．さらに，寒冷地では積雪が天然のダムとしての機能も有するため，温暖化によって降雪・融雪のパターンが変

わると河川流量の季節性も影響を受ける．河川水を資源として利用する際には「必要なときに必要な水量を確保できるか」が重要であり，気候変動による降水や積雪の変化に加えて，ダム建設など他の人為的影響を考慮して河川流況の季節性が将来どのように変化するかを見定めることが，渇水リスクを把握する上では重要になる．

河川水災害に加えて，土砂災害や高潮災害なども，詳細な物理プロセスを考えなければならないため，気候モデルの予測データだけでは将来のリスク変化を見積もるのが難しい自然災害と言える．そのため，各自然災害について分析するための「ハザードモデル」の研究開発モデルが進んでおり，気候予測データをハザードモデルの入力データとすることで将来予測が行われている．

また，複数の自然災害が連鎖して起こるカスケード型リスクについても懸念が広がっている．たとえば，豪雨や熱波などの極端気象現象によって電力網や交通網などの重要インフラが被害を受けると，それに頼っていた工場などの操業が停止する．その工場がサプライチェーン上で重要な部品を製造していたとすると，その影響は直接の被災地に限らずより幅広い地域に広がっていく，といった災害影響の連鎖も考慮していく必要があるだろう．

気候変動の影響評価

自然災害による影響を見積もるには，極端な自然現象そのものと，それにより人類がどのような影響を受けるかを分けて考える必要がある．たとえば自然現象としての豪雨が発生したとしても，その地域で人間の経済活動が行われていなければ被害は発生せずに災害とはならない．そのため，気候予測モデルがシミュレーションした将来の気温や降水量といったデータだけでは，将来の自然災害による影響を議論するには不十分であり，人口分布や資産分布といった社会経済データを組み合わせることで，初めてリスク分析が可能になる．

国連防災機関（UNDDR）が世界で発生した自然災害による人的・経済的な影響をまとめている．洪水・渇水・熱波・暴風・地すべりなどの気象災害・水文災害によって，1998-2017 年の間に毎年約 2 億人が影響を受けてお

り，内約 3 万人の死者が出ていると報告されている（UNDRR, 2018）．毎年の経済被害額も保険会社の損害支払などを通して推計されており，1980 年代には毎年 200 件ほどだった大規模自然災害が 2010 年以降は毎年 600 件ほどに増加し（Munich RE, 2019），保険損害額も近年大幅に増加している．これらは，情報通信網の整備で途上国の災害データも集まるようになったこと，また経済発展により災害 1 件あたりの被害額が大きくなっているという要因も考えられるが，気候変動によって災害の規模と頻度が増加している要因が大きいと考えるのが自然である．

　近年では，数値モデルで自然災害をシミュレーションして，それを人口や資産といった社会経済データと重ね合わせることで，影響人口や経済被害額の過去から将来までの変化を見積もる研究も取り組まれている．たとえば，気候予測データを用いて洪水シミュレーションを過去から将来まで長期間実施して浸水域の時間空間的変化を見積もることで，20 世紀末（1970 ～ 2000 年）時点は大規模な洪水災害[1] に影響を受けるのは世界人口の約 2% だったが，21 世紀末では将来シナリオによるが世界人口の約 2.5 ～ 3.5% が大規模な洪水の影響を受けるようになると推定されている（Hirabayashi *et al.*, 2021）．洪水以外の自然災害についても，台風や干ばつについてはグローバルに利用可能なハザードモデルがいくつか構築されており，気候変動による災害リスクの評価が行われているほか，市区町村や流域単位でもより精細なデータやモデルを用いた影響評価研究が行われている．

　また，「影響を受けた人口」という緩やかな定義の場合は浸水範囲の近くにどの程度人口が分布しているかを推計するだけでよいが，予想される死者数や経済被害額となると影響が生じるまでのプロセスを考慮する必要があるので推計が難しくなる．たとえば，豪雨が降ったとしてもダムや堤防などの洪水対策が施してあれば災害の発生そのものを食い止めることができる上に，浸水が発生したとしても止水板設置や避難などの事前防災計画がしっかりと作られていれば被害の程度を抑えることも可能である．4.1 節でも述べたように，自然災害による外力（ハザード）と影響を受ける人口や資産などの分

1　Hirabayashi *et al.* (2021) の研究では，20 世紀における 100 年に一度の規模の洪水よりも大きいものとして算定された．

布（曝露）に加えて，災害対策の度合い（脆弱性）を考慮する必要がある点が，自然災害の影響を見積もる際の難しさになる．とくに，脆弱性については，経済発展レベルや災害経験に応じて大きく変化するために地域差が非常に大きく，気候変動に関連する自然災害による影響を見積もる際に大きな不確実性要因となっている．

適応策，適応費用，適応の限界

　気候変動によって自然災害によるリスクが将来増加すると予想されている地域では，その影響を低減するために適切な適応策をとることが求められる．適応策とは，たとえば洪水に対してはダム・遊水池・堤防といった流域レベルでの洪水防護設備の増強，嵩上げや止水板設置といった建物レベルでの対策，それらのハードウェアで対応できない場合を想定した避難計画の策定，などが挙げられる．豪雨に対するための排水設備の増強や，熱波による健康被害を抑えるための空調の導入など，自然災害の種類ごとに異なる適応策をとる必要がある．

　ただし，適応策の実施には当然ではあるが費用が必要である．気候変動によってどの程度人的・経済的なリスクが増大するかを見積もった上で，適応策を実施したことによる経済被害の低減・適応策に関わるコスト・適応策を実施したとしても防げない災害による残余被害といったコストと便益のバランスを考慮して，どのような適応策をいつまでに実施していくかを政策決定していかなければならない．地域によっては，適用策を実施するコストが得られる便益に対して割に合わなくなる「適応の限界」（4.1節参照）が生じることも考えられ，より柔軟な対応を検討する必要がある．たとえば，気候変動への適応策を防災だけでなく土地利用や都市計画などの政策と組み合わせる，途上国における気候変動による損失と損害を減らすための適応コストを温室効果ガスの歴史的排出量が多い先進国も負担する枠組みを作る，といった対応が考えられるが，いずれも複数のセクターや国をまたいだ合意が必要とされ，実現には多大な努力が必要になる．

　また，温室効果ガス削減の効果は世界全体で共通であるため緩和策は国際的な目標を議論しやすいが，適応策は地域の気候・地理・人口規模・産業形

態に応じて必要とされるものが異なり，また適応策による便益を受ける人も対象地域に限られる．そのため，国際的もしくは国全体というスケールでどのような適応策オプションをとるべきか具体的な議論を行うのは難しく，地方自治体などステークホルダーが明確なスケールで地域の事情に応じた適応オプションを検討することが望ましいだろう．

　効果的な適応策をとることができない場合は，その地域に住み続けることが困難になり移住が必要になるケースもある．気候変動による環境悪化を原因とした強制移住はすでに発生しており，とくに途上国では，インフラが発展しておらず気候変動に脆弱とされている地方から，海面上昇や干ばつなどによる水不足などを理由として都市部への国内移動が多く発生している．世界銀行によると最悪のケースでは 2050 年までに 2 億 1600 万人が自国内での移住を余儀なくされる可能性があると報告されており（World Bank, 2021），気候変動の緩和に加えて開発格差の解消などによって強制移住の数を抑える努力が必要である．

4.2.2　陸上生態系における影響と適応 瀧本　岳

自然生態系への影響

　気候変動は陸上生態系に大きな影響を与える．気候変動によって増加する山火事や森林害虫の発生は，温帯や亜寒帯の森林に大きなダメージをもたらしている（IPBES, 2019）．大気 CO_2 の増加により成長が速くなった樹木が草地を侵食する一方で，厳しい干ばつにより植生が失われ砂漠化する地域もある（IPBES, 2019）．温暖化は生物の分布域を高緯度あるいは高標高へとシフトすると予想されるが，そもそもこれまで高緯度や高標高に生息していた生物の行き場は失われる（Bertrand *et al.*, 2011; Elsen and Tingley, 2015）．温暖化に適応するように鳥の渡りや大型草食動物の季節移動，両生類の繁殖や冬眠などの時季が変わるとされるが，その変化は温暖化のスピードに追い付いていない（Radchuk *et al.*, 2019; IPCC, 2022）．たとえば，北海道の大雪山国立公園にある五色ヶ原にはかつてエゾハクサンイチゲのお花畑が広がっていた．しかし温暖化により雪解けが早まり土壌の乾燥化が進むとともに，お花畑はイネ科草原へと姿を変えた（川合・工藤，2014）．

農業生態系への影響

　陸上生態系は人間にさまざまな自然の恵み（生態系サービス）をもたらしている．作物生産に不可欠な水資源や土壌，花粉媒介などである．気候変動はこれらの生態系サービスを損壊することで食料生産に悪影響をもたらす．実際，過去半世紀の農業生産の成長量は，気候変動の影響によって本来期待されるよりも20％以上少なかった（Ortiz-Bobea *et al.*, 2021）．将来，気候変動によって大雨や干ばつなどの気象災害が増えたり，花粉媒介生物の生息適地が減少したりすると，食料生産が減少したり供給量が不安定化したりすることになる（IPCC, 2022; Settele *et al.*, 2016）．また，気候変動により家畜の伝染病の病原生物や媒介生物の分布が拡大する懸念も大きい（IPCC, 2022）．日本では，気温の上昇による米や果樹類の品質の低下（白未熟粒の発生など）が起きている（農林水産省, 2023）．気候変動の食料生産への影響は，消費者の健康（飢餓や栄養失調など）のリスクを増やすだけでなく，生産者の生業と暮らしを損なうことにもなる．たとえば，中米のコーヒー生産は気候変動の影響とみられる病害虫の増加や極端気象のために減少しており，とくに小規模農家の収入の減少や他地域への移出が起きている（Hannah *et al.*, 2017）．

「気候システム − 生態システム − 人間システム」の三者関係

　気候変動影響の多くは，気候システムの影響を受ける生態システムとそのサービスを享受する人間システムという「気候システム−生態システム−人間システム」の三者関係を通じて生じている（図4.3；2章参照）．

　たとえば，モンゴルはその国土の8割を草原生態系が占める．何千年もの間草原は遊牧民の暮らしを支え，現代でも畜産業は主要産業の1つである．古来，遊牧民は季節的な牧草地の使い分けや，地形や植生に応じた家畜種の組み合わせ，複数世帯が相互扶助する共同体の構成など，草原を持続的に利用する洗練された遊牧システムを発達させてきた．しかし，1990年代の市場経済への移行のあと，家畜頭数の大幅な増加や都市近郊への遊牧民の定住化などが起き，家畜頭数が増加した地域では草原植生の衰退が進みつつある．草原では夏の干ばつが牧草の成長を妨げる．夏に牧草が育たないと，家畜の

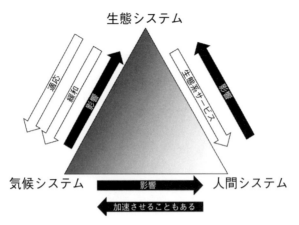

図 4.3　気候システム−生態システム−人間システムの三者関係
(Pörtner *et al.*, 2021 および Korn *et al.*, 2019 の図を改変)

冬の間の飼料が失われる．厳しい干ばつの夏のあとに低温や降雪の厳しい冬
が続く年には，冬季の十分な飼料が確保できず，大量の家畜斃死（ゾド）が
起きる．気候変動に伴う温暖化は干ばつの頻度を増やし，ゾドの発生頻度が
深刻化している．大量の家畜を失った遊牧民の中には仕事を求めて首都のウ
ランバートルに移住する人々もいるが，過剰人口を抱える首都で生活環境の
改善は難しい．

　気候システム−生態システム−人間システムの関係は，個々の気候変動影
響を受ける地域によって異なるだけでなく，生態系の遷移や社会の変遷に依
存して時間的にも変化する．北米西部では森林火災で焼失する人家が過去
30 年間で 3 倍になった（Schoennagel *et al.*, 2017）．気候変動の影響で森林火
災の頻度や規模が増えるとともに，森林と接する居住地域が増えているため
でもある．火災をきっかけに発芽するロッジポールパインなどの植物がある
ことからもわかるように，火災は生態系によってはそこで生きる生物の営み
を維持する不可欠な自然現象でもある．これまでは消火，燃料材の管理，野
焼きなどによって，火災被害を抑えつつ，従来の森林生態系を維持するアプ
ローチがとられてきた．しかし，気候変動下で増える火災の頻度と規模は従
来の生態系が過去に経験してきたレベルを超え，これまでの森林のなかには

草地や灌木林といった異なる生態系へと変わると予測されるものもある.

そこで, 将来の不確かな生態系のシフトに際しても火災の被害を最小化できるような社会と自然の関係を探る動きが始まっている. 居住地域の開発を火災リスクの少ないエリアに制限する政策の必要性 (Schoennagel *et al.*, 2017) や, 何百年にもわたって森林火災を制御し共存してきた先住民の知識の活用 (Prichard *et al.*, 2021) が重視されている.

気候システム－生態システム－人間システムの三者間の相互作用は予期せぬリスクを社会にもたらすこともある. 新型コロナウイルスのパンデミックにより私たちは身をもって感染症の脅威を知ることとなった. 人間の感染症の多くは, 野生動物を本来の宿主とする病原体が人間に感染して起きる人獣共通感染症である. 野生動物から人間や家畜への病原体の感染をスピルオーバー感染と呼ぶが, 人獣共通感染症の病原体を保有する野生動物の分布や行動が気候変動によって変わることでスピルオーバー感染が生じる可能性も指摘されている.

1998 年のマレーシアで原因不明の致死的な伝染病が家畜のブタや養豚業者の間で発生した (Chua *et al.*, 2002). 後にこれはオオコウモリを本来の宿主とするニパウイルスが原因であることが判明した. オオコウモリは果実や花蜜を餌とするが, 人里の果樹に飛来した際に唾液や糞尿を介してウイルスをブタに感染させ, ブタから人への感染を引き起こし, スピルオーバー感染の原因となっていた. イスラム教徒の多いマレーシアの養豚産業のほとんどはシンガポール向けとなっており, ブタ生体を輸入し処理した業者にも感染や死亡が発生した. しばらくの間輸入は禁止され, マレーシアの畜産業は大きな打撃を受けた. 本来, オオコウモリは熱帯雨林の豊富な果実を利用し人里に飛来することは少なかった. しかし木材生産やプランテーション拡大のために熱帯雨林は大規模に破壊されてきた. さらに, ニパウイルスのアウトブレイクが起きる 1997 年から 1998 年にかけては, 焼き畑に起因する山火事とエルニーニョがもたらした干ばつが相まって, 熱帯雨林の果実生産が大きく減った. その結果, 森での餌が枯渇したオオコウモリが人里の果樹園に多く飛来することになり, ニパウイルスのスピルオーバー感染が起きたようである. 1994 年にオーストラリアで死者を出し, その後もたびたび家畜への

感染が確認されているヘンドラウイルス感染症も，オオコウモリの生息地の減少と気候変動による餌資源の枯渇が重なってスピルオーバー感染が起きている例である（Eby *et al.*, 2023）.

人々の生活と密接に関わる陸上生態系における気候変動影響への適応には，気候システム－生態システム－人間システムの間の直接作用だけでなく，間接作用も評価することが大切である．また，この三者関係の地域固有性や時間発展を考慮することが，有効な適応策を立てる上での重要な鍵となる.

4.2.3　海洋生態系と水産　　　　　　　　　　　　　　伊藤進一・森田健太郎

海の恩恵：海洋生態系サービス

人類は海洋からさまざまな恩恵すなわち海洋生態系サービスを受けながら生活を営んできた．海洋生態系サービスとして，多種多様な生物の生息地基盤の提供や陸上植物と匹敵する光合成などの基盤サービス，熱や炭素の吸収による気候の緩和や水の浄化作用などの調整サービス，水産物や医薬品資源などの供給サービス，そしてレクリエーション，観光や伝統，宗教などの文化的サービスがあり（Millennium Ecosystem Assessment, 2005），人類の生活にとって，たとえ内陸に住む人々にとっても，海洋は切り離すことのできない存在である．たとえば，海洋の植物プランクトンは約35億年前に光合成を開始し，大気に酸素を放出し続けてオゾン層を形成し，約4億年前に陸上で生物が生息できる環境を整えた．近代においては，人類が大気中に放出した温室効果ガスである二酸化炭素（CO_2）の約4分の1を海洋が吸収したり，地球上に蓄積された熱の約9割を海洋が吸収したりすることにより，地球温暖化の進行を緩和している（IPCC, 2021）.

地球温暖化に伴う海洋環境への脅威

このように，地球温暖化に関しても海洋は調整サービスの機能を持つが，同時に人為起源の影響が海洋にも及んでいる．地球温暖化の海洋への影響としては，1）人為起源のCO_2の吸収に伴う海洋酸性化，2）地球温暖化による熱の吸収に伴う高水温化，3）高水温化による海水膨張と氷床の融解に伴う海面水位上昇，4）海洋表層の温暖化に伴う成層強化が引き起こす貧酸素化

図 4.4　地球温暖化の海洋生態系サービスへの影響

と貧栄養化，5）大気－海洋結合系におけるエネルギー増加に起因する極端
現象の増大，が指摘されている（IPCC, 2022）（図 4.4）．

海洋酸性化と海洋生態系

　海水はもともと弱アルカリ性であるが，CO_2 を吸収することで，中性に近
い性質へと変化している．海洋表層の平均 pH は，産業革命の開始時には約
8.2 であったが，現在は約 8.1 へと減少している（Jiang *et al.*, 2019）．海洋酸
性化が進行すると炭酸カルシウムの結晶を形成するためにより多くのエネル
ギーが必要となり，貝類，甲殻類，サンゴなど炭酸カルシウムの殻や骨格を
持つ生物にとって悪影響が生じ，これらの生物を取り巻く生態系への影響が
危惧されている．たとえば，貝の仲間である翼足類は，サケなどの水産重要
種の重要な初期餌料であるが，海洋酸性化の影響で殻を形成し維持すること
が困難になる可能性が懸念されている．

海水温上昇と海洋生態系

　地球温暖化が生物にもたらす影響として，a）分布域の高緯度へのシフト，

b) フェノロジー（開花や産卵時期などの季節的に生じる生物現象）の変化，c) 体サイズの小型化という，3つの可能性が指摘されている（Gardner *et al.*, 2011）．産業革命以降，全海洋平均の海面水温は約 0.88℃ 上昇し（IPCC, 2021），海水温上昇は深層にも及んでいる．

　海水温が上昇することで，a) 各海洋生物の高緯度あるいは深い水深への移動が起こると考えられている．とくに魚類は，周囲の環境水の水温によって体温が変化する外温動物であるため，海水温の上昇が起きた際には，適水温帯のシフトとともに分布域を変化させる必要がある（Perry *et al.*, 2005）．1960 年以降では，10 年ごとに等水温線が約 21.7 km 移動しており，多くの海洋生物が適水温帯のシフトとともに分布域を変化させていると報告されている（IPCC, 2022）．また，海藻などの固着性生物の分布域のシフトが移動能力の高い生物より遅いことや，寿命の短い生物（プランクトンなど）の方が寿命の長い生物よりも分布域の変化が敏速であると指摘されている．このように種によって水温上昇に対する移動速度が異なると，地球温暖化の進行とともに，これまで被食－捕食関係にあった生物種の分布に乖離が発生し，海洋生態系構造そのものに影響を与えることが危惧される．

　また，海水温の上昇に伴い，b) 陸上の桜の開花の早期化と同じような季節性（フェノロジー）の早期化が発生していることがさまざまな海域で報告されている．海洋においては，春季に海洋表層が暖められることで密度の軽い層が形成され，植物プランクトンが表層に留まり，太陽光を多く受容することが可能となり，一気に増殖が活発になる春季ブルームという現象が知られている．春季ブルームのタイミングは平均すると 10 年間で 7.5 日ほど早期化している（IPCC, 2022）．動物プランクトンの発生ピーク，魚類の産卵や回遊の開始時期，海産哺乳類の移動時期などにおいても早期化が報告される例があるが，それらの早期化の変化幅は種や海域によって異なっている．このように種によって季節性の早期化の速度が異なると，餌生物と捕食者の出現の時期がずれるミスマッチが生まれ，生物の群集構造や個体群動態にも影響を及ぼす（綿貫, 2010）．

　海水温上昇の影響としては，c) 最大体長の減少も危惧されている．生物全般において，同種内では寒冷地に生息する個体ほど最大体長が大きくなる

TSR（Temperature Size Rule）が作用することが知られており，地球温暖化に伴って魚類の最大体長が減少すると予想されている．しかしながら，最大体長に影響する生物学的要因は複雑であり，TSR を支持する論文もあるが（Fisher *et al.*, 2010; Goldberg *et al.*, 2019），支持しないデータや逆のパターンを示す論文も少なくない．なお，ここでは単純な例を紹介したが，海洋における物理環境の変化と生物学的な応答は非常に複雑な関係になることが明らかとなっている（Harley *et al.*, 2006）．

海面水位上昇と海洋生態系

　海面水位上昇は，藻場，アマモ場，サンゴ礁，マングローブ林などの沿岸生態系に大きな影響を与える．海面水位上昇に伴い，水深が増すことで，これまで海底に太陽光が届いていた海域で太陽光が不足し，光合成が維持できなくなる．海面水位上昇の速度が限定的でかつ生物が付着できる基質が沿岸域で得ることができれば，藻場などが移動することは可能であるが，海面水位上昇速度が速い場合は生物の移動が追い付かずに消失する可能性がある．藻場，アマモ場，サンゴ礁，マングローブ林などは，さまざまな海洋生物の生息地となっており，これらの生息基盤の喪失は沿岸海洋生態系，ひいては漁業生産量への深刻な被害をもたらすことが予想されている（IPCC, 2022）（図 4.5）．

図 4.5　北海道南西部の藻場生態系
　藻場は海洋生物の産卵場や稚仔の生息場となるほか，ブルーカーボンの主要な吸収源の 1 つである．

貧酸素化，貧栄養化と海洋生態系

　海洋上層の水温が上昇し，下層の海水との密度差が増すと，海洋上層と下層の海水混合が減少する．海水は，大気と接している海面で酸素を吸収し，海水混合によって酸素は海洋の下層へと取り込まれる．一方，海洋上層は太陽光が得られるため，光合成が行われて，植物プランクトンの栄養源となる栄養塩が消費されるのに対し，太陽光が届かない中深層では有機物が分解されて栄養塩が豊富になる．海水混合によって下層から表層に栄養塩が供給されることで，海洋における基礎生産が成り立っている．地球温暖化が進行し，海洋上層と下層の海水混合が減少することで，貧酸素化，貧栄養化が進むことが予想されており，これまでの観測から全球規模での貧酸素化（Breitburg *et al.*, 2018），貧栄養化が進んでいると報告されている（IPCC, 2022）．海洋動物は呼吸を行うことで生命を維持しており，貧酸素化によって生息可能な海域が限定されると予想される．また，貧栄養化が進むことで，海洋における基礎生産（植物プランクトンによる光合成）も減少するため，生物生産そのものが減少することが危惧されている．

極端現象の増大と海洋生態系

　地球温暖化の進行とともに，急激に海水温が上昇する海洋熱波（MHWs: Marine Heat Waves），スーパー台風，高潮，海氷消滅などの極端現象の発生頻度と強度が増大することが予想されている．地球温暖化により海洋熱波が非常に頻繁かつ極端に発生するようになり，海洋生物や生態系がその回復力の限界に達し，不可逆的な変化を引き起こす可能性が懸念されている（Frölicher *et al.*, 2018）．実際に，海洋熱波の発生日数はここ100年で54％も増大している（IPCC, 2021）．海洋熱波が発生すると大規模なサンゴの白化現象などが起こり，サンゴ礁生態系の壊滅的な崩壊が生じることが報告されている．

水産業への影響

　上記のように地球温暖化は海洋生態系に甚大な影響を与えつつある．このような海洋生態系の変化が，漁獲漁業，海面養殖の両面に影響を与えること

は容易に予想できるだろう．全球的にみると，水温上昇に伴い魚類は高緯度側へと分布を移動し，貧栄養化によって亜熱帯域を中心に生物生産が減少することが予想される．この複合効果によって，水産業への依存性が高い発展途上国の多い熱帯域，亜熱帯域などで，漁獲量が減少することが予想されている（Tittensor *et al.*, 2021）．しかし，これらの予測モデルでは，海洋酸性化，貧酸素化，海面水位上昇，極端現象の増加などが十分には加味されておらず，今後，これらの予測モデルの精緻化が望まれる．海面養殖においても，海水温上昇，貧栄養化，貧酸素化は悪影響を与えることが予想されている．これに加え，赤潮の発生や魚病などの頻発も危惧されている．

　これらの地球温暖化に伴う水産業を取り巻く環境の劣化に対し，気候変動に強靭な体制を整える必要がある．生態系を考慮した漁業管理，養殖管理を実践し，生態系を健全に保つことで気候変動に強靭な状態をできるだけ維持することが肝要である．また，気候変動以外の人為的要因（水質悪化，マイクロプラスチックや水銀などの他の環境汚染，土砂流出など）を抑えることで，気候変動による複合的なストレスを抑制することが重要となる（IPCC, 2022）．気候変動の将来予測だけではなく，気候変動への適応策が求められている．

4.2.4　健康　　　　　　　　　　　　　　　　　　　　　　　　　小西祥子

気候変動と食料

　人類は気候変動がきっかけとなって誕生した（McMichael *et al.*, 2017）．今から 800 万年から 600 万年前，アフリカ大陸の南部および東部で寒冷化と乾燥化が進み，森林が減少してサバンナが出現した．それまで森に住んでいた人類の祖先は平原に進出し生活を始めることで，直立二足歩行への移行が進んだ．人類の歴史の大半は，狩猟や採集によって日々の糧を得ており，入手できる食料が少なくなると食べ物を求めて移動するという生活を送っていたが，今から 1 万 2000 年から 1 万年ほど前に農耕という技術革新が起きた．自ら作物を植えて収穫することによって，単位面積あたりの土地からより多くの食料を得ることができるようになった．農耕の拡がりとともに人口支持力が上昇し，人の数は格段に増えることになった．しかし，農耕は気候条件

がよいときには収穫をもたらした一方，気候変動によって収穫が減少すると途端に食料が不足するという脆弱性をもたらした．食料不足はしばしば飢餓や死亡，そして人口移動につながった．歴史上では北部メソポタミアの牧畜民，海の民，ゲルマン民族の大移動はどれも気候変動がきっかけとなって生じたと考えられている．

完新世（およそ1万年前から現在まで）に起こった局地的な気候変動は，社会，文化，技術の変容をもたらしただけでなく，農業システム，栄養不足と飢餓，感染症の流行，人口移動，政治の不安定化につながった．1830年代から1840年代初頭にかけてヨーロッパ北部は寒冷で雨が多くなっていたが，さらに1835年にはニカラグアのコシグイーナ山が噴火し気温が低下したことで，農作物の不作が続いた．追い討ちをかけるように1845年半ばにはジャガイモ疫病菌がアメリカ大陸からヨーロッパに持ち込まれ，アイルランドではジャガイモの収量が半減した．適切な政治的介入がとられなかったことから，アイルランドで1846年から1849年にかけてジャガイモ飢饉が起こり，およそ100万人が飢えや病気によって死亡した．飢餓で死亡した人よりも，チフスやコレラといった伝染病で亡くなった人は10倍多かったといわれる．そして生き残った人口のおよそ半数がアメリカやオーストラリアに移住した．

気候変動と人類の健康

気候変動が現代の人間の健康に及ぼす影響には直接的なものと間接的なものがある（図4.6）．直接的な影響には台風やハリケーンに伴う暴風雨や洪水，また森林火災といった，悪天候に起因する災害によって生じる傷害や死亡，被災後の心的外傷性ストレスや疾病リスクがある．間接的なものには栄養や子どもの発育，メンタルヘルス，感染症リスクへの影響を含む（図4.6）．間接的な健康影響は，気候変動による一次的な環境的・社会的影響やその他の要因を介して引き起こされる．デング熱を引き起こすデングウイルスは主にヤブカによって伝播するが，気候変動によって媒介蚊の生息域が拡大したことが，1950年以降に起こったデング熱の増加の一因と考えられている．また気候の温暖化によって，マラリア発生地域が高地へと移動することが観察

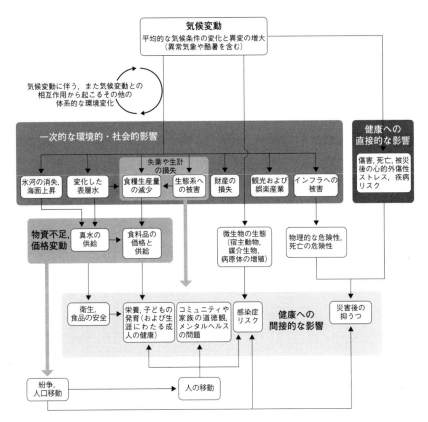

図 4.6 気候変動から健康影響への道筋 (Frumkin and Hains, 2019; McMichael, 2013 を改変した長崎大学・河野, 2022 より)

健康への直接的な影響の他にも，気候変動による環境的・社会的影響を介した健康への間接的な影響がある．気候変動がさらに進むと，上向きの矢印で示したような，より広範な混乱や紛争，人の移動によって健康影響が生じる．なお図に示した以外にもさまざまな道筋と健康影響があり得る．

されている．

　気候変動は水や食料の供給を介して健康に影響を及ぼす．氷河の消失や海面上昇，また表層水の変化は真水の供給を左右する．水は飲み水としてのみならず，手や体を洗ったり，食器や衣類を洗ったりといった衛生を保つ活動に不可欠であることから，水の不足は衛生状態の悪化による健康被害をもたらす可能性がある．また農作物の生育にも水が必要であることから，真水の

供給は食料生産にも直結する.

　食料生産量が減少すると食料品の供給が減少し価格が上昇することで入手しにくくなり，栄養状態の悪化や子どもの発育不良をもたらす．ただし食物の価格は，食物生産量よりもむしろ食物投機（food speculation）によって左右されるといわれ，たとえ十分な量の食物が生産されていても，一部の人々の経済的利益のために，必要とする人に食料が行き渡らない事態が生じている（Maslin, 2021）．なお栄養不足は絶対的なエネルギー摂取量が不足して低体重をもたらす場合もあれば，逆に肥満をもたらす場合もある．アメリカなどでは経済的に余裕のない人が，安くて栄養価の低い高カロリー食品を消費する傾向があり，経済的困難が肥満とそれに伴う多くの健康問題を生じさせている．よって現代社会の多くの人が陥っている栄養不足は，気候変動だけでなく経済システムがもたらした人為的な被害であるとも言える．

　水や食物の不足は人々がよりよい生活を求めて別の土地へと移住するきっかけとなる．多くの場合，社会的，政治的，経済的に不安定な国や地域では資源を分配する社会システムも十分に機能していないことから，水や食物の不足がより深刻な被害をもたらし人々を移動へと向かわせる．このような人々の動きは大量の避難民を生み出し，時には紛争や戦争にもつながる．

　気候変動は直接的，間接的にさまざまな健康影響を及ぼすと考えられ，以上で述べたものはその一部である．地球生態系を1つのシステムと捉えれば，どれか1つの要素が変化することによって，関連するあらゆる要素が影響を受け，その結果として人間の健康にも影響が及ぶ．健全な生態系が人類の健康を支えているという考え方に基づく概念にプラネタリーヘルス（地球の健康）がある．プラネタリーヘルスは，地球規模の環境破壊が人間の健康に及ぼす影響を理解した上で，人間と地球生態系が共存していくための解決策を生み出すことを指向する．

4.2.5　都市と開発
村山顕人

人口増減と都市計画・市街地開発
　日本は世界に先駆けて人口減少・超高齢社会を迎えているが，世界的には引き続き総人口が増加すると同時に，農村から都市への人口移動も止まらな

い．世界的にみると，人口が比較的狭い区域に集中し，その地域の政治・経済・文化の中心である都市の人口は爆発しているのである．そして，都市における人口増加を受け入れるために，都市基盤の整備や建物の建設を中心とする市街地の開発が進む．同時に，古くなった市街地の更新も必要となる．

人口減少が進む日本においても，人口の9割以上が国土の約4分の1を占める都市計画区域に居住する実態を考えると，都市におけるGHG排出量削減は重要な課題である．同時に，都市は水害の頻発化・激甚化，夏の温熱環境の悪化といった気候変動の影響も受ける．

よって，都市の物的環境を形成する都市計画や市街地開発における気候変動対策は重要である（村山, 2021）．ここで，都市計画とは，建物・外構・公共空間で構成される都市の多様な土地利用とさまざまな都市基盤の配置に関する自治体の計画で，こうした計画は，一般に，規制・誘導・事業の手段によって実現される（中島ほか, 2018）．また，市街地開発とは，都市計画の下，建物・外構・公共空間・都市基盤を計画・設計し，整備する行為である．都市計画・市街地開発分野でも気候変動の進行を食い止める緩和策と気候変動の影響に備える適応策がある．

都市・開発分野の緩和策と適応策

緩和策（詳細は5章参照）としては，建物や交通システムの省エネルギー化，エネルギー効率の高い地区の開発・再開発，エネルギー効率の高い都市構造の実現などが挙げられる．都市のスケールで考えると，低密度な市街地が広がり，商業業務機能があちこちにあり，公共交通が成立しないので自動車で移動せざるを得ない拡散型の都市構造よりも，鉄道の駅を中心にネットワーク化された高密度な市街地が形成され，多くの人々が公共交通や徒歩・自転車で暮らす集約型の都市構造の方が，エネルギー効率が高い．また，地区のスケールで考えると，垂直移動にエネルギーを要する超高層建物の高密度な地区や水平移動にエネルギーを要する戸建住宅の低密度な地区よりも，適度な密度に商業業務や住宅の用途が複合する歩いて暮らせる地区の方がエネルギー効率は高い．さらに，そこに建設される建物や導入される交通システムにもエネルギー効率が求められる．こうした緩和策は，新しく都市を建

設したり，市街地を拡大したり，大規模な土地を再開発したりする際には実現することができるが，既存の都市や地区の物的環境を大きく変えることは容易ではない．

　一方，適応策としては，海面水位の上昇・外水氾濫・内水氾濫といった水害に対応した土地利用計画・規制，建物の配置や高さの工夫による風の道の確保，過酷な温熱環境を改善する街路樹の整備や屋上・壁面緑化，猛暑日に避難できるクールスポットやクールシェルターの整備などが挙げられる．こうした対策を都市の物的環境を形成・更新する都市計画・市街地分野で積極的に進めていく必要がある．適応策については，日本の都市の文脈で，もう少しくわしく解説したい．

日本の都市計画における適応策

　日本の都市計画では，これまで，市街地の拡大・拡散を防ぎ，都市の構造をコンパクトにする努力を続けてきた．基本的な都市基盤はすでに十分に整備されており，その維持管理・更新が課題となる．今後，気候変動と社会経済変化（とくに人口減少）によって国土の土地利用の構成が変化し，人口が集中する都市の土地利用マネジメントの前提が大きく変わる．気候変動研究で分野横断的に用いられる共通社会経済経路（SSP: Shared Socioeconomic Pathways）の土地利用シナリオ上，総量としては建築用地・農用地が減少し，植林・荒地などが増加するが，こうした土地利用変化に要する時間や土地利用の配置は未検討である．また，気候変動に起因する風水害の頻発化・激甚化により，安心して住み続けることが困難になる地域が発生する．

　今後，都市計画の主体である自治体にとっては，エネルギーや産業の転換，人口動態，気候変動以外のさまざまなリスクも踏まえながら，住宅系・商業系・工業系の都市的土地利用と森林・農地などの自然的土地利用をどのように配置するのが望ましいかが課題となる．たとえば，人口減少する都市においては，多くの人々が，気候変動対策が導入されて快適に安心して暮らすことのできる地域に居住し，結果として風水害リスクが高い地域の人口が少なくなる状況を長期的な都市計画を通じて実現していくことが考えられる．こうした課題には，都市計画法に基づく都市計画区域および市町村のマスター

プランや都市計画関連法に基づく各種基本計画の改定を通じて，各自治体が応えていく必要がある．また，研究者には，気候変動対策を組み込んだ土地利用マネジメントの考え方の整理や手法の開発が求められる．

日本の市街地開発における適応策

市街地開発では，引き続き，エネルギー消費の少ない市街地を形成する努力を続ける必要がある．一方，気候変動と都市化によって市街地の温熱環境が変化し，35℃以上の猛暑日が増加する．また，外水氾濫・内水氾濫の影響を受ける地域も発生する．人口増加が見込めない日本の都市では，森林や農地を潰して新しい市街地を開発することはほとんどなくなり，大規模工場等の跡地を再開発したり，さまざまな利害関係者が存在する既成市街地の再生に取り組んだりすることが市街地開発の中心になる．

その中で，地権者，営業者，居住者，市民，企業，行政，非営利団体，エリアマネジメント会社等の多様な主体の協働により，猛暑や水害に耐えることができる市街地環境をどのように整備するかが課題になる．そして，研究者には，気候変動をも考慮した地区スケールの市街地開発の枠組みとそれを支える方法や技術の開発が求められる．東京大学・都市計画研究室では，気候保護・レジリエンス・社会的公正を原則として地区スケールの市街地整備を進めるエコディストリクトの枠組みの適用や温熱環境シミュレーション等を用いた参加型市街地デザイン手法の開発に取り組んでいる（図4.7）（保坂ほか，2022; 山崎ほか，2022, 2023）．

これからの都市計画・市街地開発の一般的なポイント

都市計画や市街地開発に気候変動適応策を導入する際に要請される一般的なポイントは，次のように整理されよう．まずは，全球スケールの気候変動予測結果やそれに基づく流域圏スケールの気候変動影響予測（水害予測）結果を，建物・外構・公共空間のスケールにおいて即地的に解釈し，具体的な適応策を検討することである．その際，気候変動への適応だけでなく，人口減少・超高齢社会，建物や都市基盤の老朽化，住宅のアフォーダビリティと質，健康と幸福に関わる進行性ストレスや，地震・津波，都市基盤の不具合，

図 4.7 気候変動対策を検討する参加型市街地デザインワークショップの様子 (筆者撮影)

病気の世界的流行といった突発的ショックに関わるリスクへの適応も同時に検討することが求められる.そして,建物や移動手段の省エネルギー化,環境性能の高い地区への再生,コンパクトな都市構造・形態の実現等の気候変動緩和策も導入する必要がある.

　こうした要請に応えるためには,各種制度に基づき土地利用,交通,緑と水,住宅,環境等の基本計画を策定する自治体や,住民,事業者,地権者等の多様な主体の合意形成を進めながら具体的な施策を決定していく地区のスケールにおいて,さまざまな課題に挑戦し,即地的・統合的・包摂的で,リスクを意識した,前向きな姿勢のプランニングが求められるのである.

4 章　引用・参考文献

Bertrand, R. *et al.* (2011) Changes in Plant Community Composition Lag behind Climate Warming in Lowland Forests. *Nature*, **479**(7374), 517–520.

Breitburg, D. *et al.* (2018) Declining oxygen in the global ocean and coastal waters. *Science*, **359**(6371), eaam7240. doi: 10.1126/science.aam7240

Carbon Brief (2022) Mapped: How climate change affects extreme weather around the world. https://www.carbonbrief.org/mapped-how-climate-change-affects-extreme-weather-around-the-world/

Chua, K. B. *et al.* (2002) Anthropogenic Deforestation, El Niño and the Emergence of Nipah Virus in Malaysia. *Malaysian J. Pathology*, **24**(1), 15–21.

Eby, P. *et al.* (2023) Pathogen Spillover Driven by Rapid Changes in Bat Ecology. *Nature*, **613**(7943), 340–344.

Elsen, P. R. and M. W. Tingley (2015) Global Mountain Topography and the Fate of Montane Species under Climate Change. *Nature Climate Change*, **5**(8), 772–776.

Fisher, J. A. *et al.* (2010) Breaking Bergmann's rule: truncation of Northwest Atlantic marine fish body sizes. *Ecology*, **91**(9), 2499–2505. doi: 10.1890/09-1914.1

Frölicher, T. L. *et al.* (2018) Marine heatwaves under global warming. *Nature*, **560**, 360–364. doi: 10.1038/s41586-018-0383-9

Frumkin, H. and A. Haines (2019) Global environmental change and noncommunicable disease risks. *Annu. Rev. Public Health*, **40**, 261–282.

Gardner, J. L. *et al.* (2011) Declining body size: a third universal response to warming? *Trends Ecol. Evol.*, **26**(6), 285–291. doi:org/10.1016/j.tree.2011.03.005

Goldberg, D. S. *et al.* (2019) Decreases in length at maturation of Mediterranean fishes associated with higher sea temperatures. *ICES J. Mar. Sci.*, **76**(4), 946–959. doi: 10.1093/icesjms/fsz011

Hannah, L. *et al.* (2017) Regional Modeling of Climate Change Impacts on Smallholder Agriculture and Ecosystems in Central America. *Climatic Change*, **141**(1), 29–45.

Harley, C. D. *et al.* (2006) The impacts of climate change in coastal marine systems. *Ecol. Lett.*, **9**(2), 228–241. doi: 10.1111/j.1461-0248.2005.00871.x

Held, I. M. and B. J. Soden (2006) Robust responses of the hydrological cycle to global warming. *J. Climate*, **19**(21), 5686–5699.

Hirabayashi, Y. *et al.* (2021) Global exposure to flooding from the new CMIP6 climate model projections. *Sci. Rep.*, **11**(1), 3740.

IPBES (2019) *Global Assessment Report on Biodiversity and Ecosystem Services of the Intergovernmental Science-Policy Platform on Biodiversity and Ecosystem Services*, Edited by E. S. Brondizio *et al.*, IPBES secretariat, Bonn, Germany.

IPCC (2021) *Climate Change 2021: The Physical Science Basis, Contribution of Working Group I to the Sixth Assessment Report of the Intergovernmental Panel on Climate Change*, Cambridge University Press, Cambridge, UK and New York, USA. doi: 10.1017/9781009157896

IPCC (2022) *Climate Change 2022: Impacts, Adaptation, and Vulnerability. Contribution of Working Group II to the Sixth Assessment Report of the Intergovernmental Panel on Climate Change.* [Pörtner, H.-O. *et al.* (eds.)], Cambridge University Press.

Jiang, L. Q. *et al.* (2019) Surface ocean pH and buffer capacity: past, present and future. *Sci. Rep.*, **9**(1), 18624. doi: 10.1038/s41598-019-55039-4

Kawase, H. *et al.* (2021) Enhancement of extremely heavy precipitation induced by Typhoon Hagibis (2019) due to historical warming. *SOLA*, **17A**, 7–13. doi:10.2151/sola.17A-002

Korn, H. *et al.* (2019) Global Developments: Policy Support for Linking Biodiversity, Health and Climate Change. In: Marselle, M. R. *et al.* eds., *Biodiversity and Health in the Face of Climate Change.* Cham: Springer International Publishing, 315–328. doi: 10.1007/978-3-030-02318-8_14

Maslin, M. (2021) *Climate Change; A Very Short Introduction, 4th ed.*, Oxford University

Press.

McMichael. A. J. (2013) Globalization, climate change, and human health. *N. Engl. J. Med.*, **368**, 1335-1343.

McMichael, A. J. *et al.* (2017) *Climate Change and the Health of Nations: Famines, Fevers, and the Fate of Populations*, Oxford University Press.

Millennium Ecosystem Assessment (2005) *Ecosystems and Human Well-Being: Our Human Planet Summary for Decision-makers*, Island Press.

Munich RE (2019) Geo Risks Research, NatCatSERVICE. As of March 2019.

Ortiz-Bobea, A. *et al.* (2021) Anthropogenic Climate Change Has Slowed Global Agricultural Productivity Growth. *Nature Climate Change*, **11**(4), 306-312.

Perry, A. L. *et al.* (2005) Climate change and distribution shifts in marine fishes. *Science*, **308**(5730), 1912-1915. doi: 10.1126/science.1111322

Pörtner, H. O. *et al.* (2021) *Scientific outcome of the IPBES-IPCC co-sponsored workshop on biodiversity and climate change*, IPBES secretariat, Bonn, Germany. doi: 10.5281/zenodo.4659158

Prichard, S. J. *et al.* (2021) Adapting Western North American Forests to Climate Change and Wildfires: 10 Common Questions. *Ecological Applications: A Publication of the Ecological Society of America*, **31**(8), e02433.

Radchuk, V. *et al.* (2019) Adaptive Responses of Animals to Climate Change Are Most Likely Insufficient. *Nature Commun.*, **10**(1), 3109.

Schoennagel, T. *et al.* (2017) Adapt to More Wildfire in Western North American Forests as Climate Changes. *Proc. Natl. Acad. Sci. USA*, **114**(18), 4582-4590.

Settele, J. *et al.* (2016) Climate Change Impacts on Pollination. *Nature Plants*, **2**(7), 16092.

Tittensor, D. P. *et al.* (2021) Next-generation ensemble projections reveal higher climate risks for marine ecosystems. *Nature Climate Change*, **11**, 973-981. doi: 10.1038/s41558-021-01173-9

UNDRR (2018) *Economic losses, poverty & disasters: 1998-2017*, United Nations Office for Disaster Risk Reduction.

UNEP (2022) *Adaptation Gap Report 2022*.

Vu, D. T. *et al.* (2022) Satellite observations reveal 13 years of reservoir filling strategies, operating rules, and hydrological alterations in the Upper Mekong River Basin. *Hydrology and Earth System Sciences*, **26**(9), 2345-2364. doi: 10.5194/hess-26-2345-2022

World Bank (2021) *Groundswell Part 2: Acting on Internal Climate Migration*, Washington, DC. http://hdl.handle.net/10986/36248

川合由加・工藤　岳 (2014) 大雪山国立公園における高山植生変化の現状と生物多様性への影響. 地球環境, **19**(1), 24-32.

環境省・国立環境研究所 (2023) 2021 年度（令和 3 年度）の温室効果ガス排出・吸収量（確報値）について (2023 年 4 月 21 日報道発表資料).

長崎大学監訳・河野　茂総監修 (2022) プラネタリーヘルス──私たちと地球の未来のために, 丸善.

中島直人ほか (2018) 都市計画学──変化に対応するプランニング, 学芸出版社.

農林水産省（2023）農林水産省気候変動適応計画，農林水産省.

フェイガン，B.（2008）古代文明と気候大変動――人類の運命を変えた二万年史（東郷えりか訳），河出文庫.

フェイガン，B.（2009）歴史を変えた気候大変動――中世ヨーロッパを襲った小氷河期（東郷えりか・桃井緑美子訳），河出文庫.

保坂朋輝ほか（2022）英仏自治体における都市計画関連分野の気候変動適応策の枠組み――8つの先進的な Climate Change Action Plans の施策内容分析から．都市計画論文集，**57**(1)，138-150．doi: 10.11361/journalcpij.57.138

村山顕人（2021）持続性と都市計画．日本都市計画学会編著：都市計画の構造転換――整・開・保からマネジメントまで，鹿島出版会，354-363.

山崎潤也ほか（2022）気候変動下の都心市街地における SSP・RCP 別将来像を対象とした温熱環境シミュレーション――名古屋市中区錦二丁目地区に着目して．都市計画論文集，**57**(3)，949-956．doi: 10.11361/journalcpij.57.949

山崎潤也ほか（2023）気候変動下の SSP・RCP 別将来像に基づく市街地の夏季温度分布の日変化解析．都市計画論文集，**58**(30)，835-842．doi: 10.11361/journalcpij.58.835

綿貫　豊（2010）気候変化がもたらすフェノロジーのミスマッチ――海鳥の長期モニタリングが示すこと．日生態会誌，**60**(1)，1-11. doi: 10.18960/seitai.60.1_1

5 気候変動の緩和策

　気候変動の緩和策（mitigation）とは，地球温暖化の主因である温室効果
ガス（GHG: Greenhouse Gas）の排出を削減することや，すでに排出されて
しまった GHG を大気から吸収して貯留・貯蔵することを含めた，地球温暖
化を防ぐための施策の総称である．

　有効な緩和策にはさまざまな方法があるが，この章では，現在主流となっ
ている（またはなりつつある）個別の技術や方法論を俯瞰することを目的と
する．各緩和策の排出削減量や炭素除去量，そのコストや技術的成熟度，ま
た社会的な受容性などについて解説する．さらに，世界の先進事例について
も説明する．緩和策は実に多岐にわたり，全体像をつかむのが難しいが，共
通点や差異を意識しながら読み進めると，緩和策全体の体系的な理解へとつ
ながるはずである．個別の事例の詳細はそれぞれの解説書を参照いただきた
い．

　なお，再生可能エネルギーなどの近年の目覚ましいコスト低下といった技
術の進展は，政策と切り離すことは難しく，ところどころ政策にも言及して
いる．緩和政策の体系的な説明については6章を参照されたい．

　本章のテーマは緩和策であるので，GHG の排出量が中心的な関心になる．
本章では適正に利用したり製造したりする場合，GHG の排出量が減少した
りゼロになる技術を便宜的に「クリーン」と呼ぶことにする．クリーンであ
るというのは常に GHG 排出量がゼロという意味ではない．たとえば，太陽
光発電の原料であるポリシリコンを製造する際に，石炭火力発電を使うのか，
再生可能エネルギーを使うかで排出量が変わる．また，クリーンな大規模太
陽光発電設備でも，景観を損ねたりさまざまな環境問題を引き起こしたりす

る場合もあり得る.

5.1 GHG の排出構成（世界と日本の比較）

IPCC 第 6 次評価報告書によれば，1990 年以降の人為的な GHG 総排出量の推移は，図 5.1 のようになる（人為的な CO_2 排出量と自然の吸収量については 3 章コラム 3.1 図 A 参照）．GHG には，二酸化炭素（CO_2），メタン（CH_4），一酸化二窒素（N_2O），代替フロンなどが含まれる．図 5.1 では，CO_2 の温室効果を 1 としたとき，CH_4 は 27-29.8 倍，N_2O は 273 倍の温室効果があるので[1]，その数を乗じた量を CO_2 換算ギガトン（$GtCO_2$-eq）で表記してある．総排出量は 59 $GtCO_2$-eq である．その増加率は，2000-2009 年（+2.1%）より 2010-2019 年（+1.3%）の方が減少傾向にあるものの，依然として高い水準である．また，年間総排出量の約 4 分の 3 は CO_2 が占めている．中でも，石炭・石油・天然ガスといった化石燃料の燃焼や，重工業における化学反応などの産業プロセスで排出される CO_2 が多い．

化石燃料の CO_2 排出量であるが，同じエネルギー発生量で比べると，石炭，

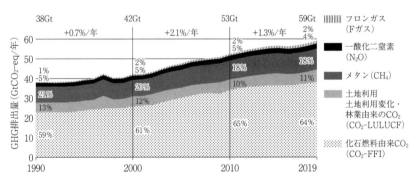

図 5.1 世界の GHG 排出量の時系列（IPCC, 2022a, Figure SPM.1 の一部を改変）
LULUCF: Land Use, Land-Use Change and Forestry, FFI: Fossil Fuel and Industry.

---

1 IPCC 第 6 次評価報告書の 100 年の地球温暖化ポテンシャル（GWP: Global Warming Potential）に基づいて換算している．GWP とは CO_2 を基準にして他の GHG がどれだけ温暖化する能力があるかを示した係数である（3.2.3 項参照）．CH_4 は化石燃料由来かそれ以外かで GWP が異なるので幅を示している．なお，GHG は放射強制力や寿命が異なるため，GWP は近似であることに注意されたい．

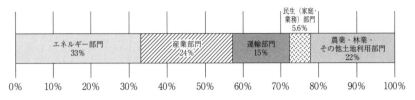

合計59 GtCO₂-eq

図 5.2 2019 年の世界の GHG 排出量（CO_2 換算）（IPCC, 2022b, Figure 2.12 に基づく）

石油，天然ガスの順に排出量は少なくなる．同じ種類の化石燃料でも産地によって組成が異なるため，数値に幅がある．排出量算定に関する 2006 年 IPCC ガイドラインの 2019 年改良版の標準値をみると，単位エネルギー量あたりで石炭（無煙炭）が 0.0983 tCO_2 / GJ，原油で 0.0733 tCO_2 / GJ，天然ガスで 0.0561 tCO_2 / GJ である．石炭の CO_2 排出量は天然ガスの約 1.75 倍になる．

　次に，2019 年時点の世界における GHG の排出量の部門別の内訳（図 5.2）をみると，最も大きい割合を占めるのはエネルギー部門（発電や石油精製等，33%），続いて産業部門（24%）となっている．この章で言う産業部門とは，鉄鋼・セメント・化学製品といった重厚長大産業な製造業，とくに素材産業を主に指している．

　意外に思えるかもしれないが，世界的な排出量の構成をみた場合，エネルギー部門や産業部門に次いで多くの割合を占めるのが，農業・林業・その他土地利用部門（22%）である．たとえば，化学肥料，牛や羊などの反すう動物が行うげっぷや排泄物のたい肥化などから CH_4 や N_2O などの GHG が排出されるのである．また，林業の分野では森林伐採などによって CO_2 が発生する．

　運輸部門（15%）は，自動車（自家用車，バス，トラックなど）や飛行機，船舶から排出される GHG が主である．民生（家庭・業務）部門（5.6%）は，家庭やオフィスビルなどから排出される GHG を合計したもので，エネルギー部門に含まれる電力や運輸部門に含まれる輸送用燃料を除いた家庭やオフィスで直接使用する燃料由来の GHG を積算したものである．電力のうち，家庭や業務で使用するものをそれぞれに割り振ると，実質的な GHG 排出の

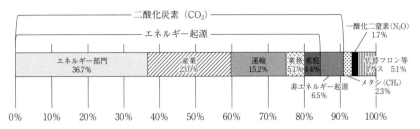

図 5.3 2021 年の日本の部門別 CO_2 排出量の割合（国立環境研究所温室効果ガスインベントリオフィス，2023）
　家庭部門と業務部門をあわせて民生部門と呼ぶこともある．

割合はもう少し大きな割合になる．

　日本の GHG の排出量の構成比は図 5.3 のようになる．世界と比べると，日本では農業・林業・その他土地利用部門が占める割合が相対的に小さく，全体の約 85% がエネルギー関連である．エネルギー部門が約 37%，産業部門が約 23% を占め，その後運輸部門と続く．2021 年の総排出量は約 1170 MtCO$_2$-eq である．なお，1 章で示したように日本の排出量は 2013 年から減少してきている（GHG 総量でみたときも CO_2 だけでみたときも 2013 年度がピークである）．

　ここでは世界や日本の排出量をみてきたが，製品やエネルギーごとの排出量を議論することもしばしばである．こうしたときは，原料採掘・製造・使用・メンテナンス・廃棄といった製品やエネルギーの一生を通じたライフサイクルの排出量を評価することが大事である．製品などのライフサイクル全体の環境影響を評価する手法をライフサイクル評価（LCA: Life Cycle Assessment）と呼ぶ．たとえば，現在，太陽光発電の多くは中国の石炭火力発電を用いて製造したポリシリコンを材料に使っているため，LCA に基づき製品の一生を考えると，GHG は低い方だがゼロではない．しかし緩和政策が進む未来では，ポリシリコンを作る電力自体も再生可能エネルギーや原子力といった GHG を出さないエネルギーに切り替わっていくだろう．

　排出量の帰属も重要な課題である．大気や気候システムからみたときは燃焼や化学反応によって空気に CO_2 が放出されたことになるが，緩和策や政

策を考えるときには誰が排出したかを明確にすることが重要である．たとえば，大学などの研究機関ではパソコンやスーパーコンピューターなどIT機器で電気を使うが，その電気が化石燃料で発電されている場合，CO_2は発電事業者が直接的に排出しているとも考えられるし（直接排出），電気を利用している大学が間接的に排出していると考えることもできる（エネルギー利用の間接排出）．図5.2と図5.3は直接排出の考え方で示した．また，コンピューターの製造段階のCO_2排出も，生産している会社が排出していると考えることもできるし，大学が排出していると考えることもできる（エネルギー利用以外の間接排出）[2]．国際的にもパソコンや電化製品が多く生産される中国に排出量を割り当てるか，日本などの消費国に割り当てるか，さまざまな考えがある．それぞれの考え方によって，さまざまな計算方法があり，目的に応じて適切な算出方法を選ぶことが大事である．

　世界は現在，気温上昇を産業革命前に比べて1.5℃に抑える努力を追求している（詳細は6章参照）．IPCCによれば，1.5℃目標達成のためには排出削減を大幅に加速し，2050年代にCO_2排出量を正味でゼロ（ネットゼロ．正確ではないが一般的にはカーボンニュートラルとも呼ばれる：コラム5.1参照）にすることが求められる．しかも世界的な人口増加や経済成長が続く中でである（CO_2やGHG排出量と経済成長，人口については1章の茅恒等式やデカップリングの議論を参照のこと）．そのためにはすべての部門で幅広い対応が必要になり，社会技術システムの大幅な変化が求められる．

　図5.4に2019年と，複数のシナリオにおけるCO_2正味排出量ゼロのタイミングでのGHG排出量・吸収量を示す．IMP（Illustrative Mitigation Pathway, 例示的排出削減経路）で始まるシナリオは異なる複数の緩和シナリオを示す．一口に1.5℃目標といってもその目指す姿は一意に定まるわけではなく，さまざまな道筋があるが，すべての部門で大幅な排出削減が必要であり，また一定程度の大気からのCO_2の吸収が必要になることもみて取れる．

---

[2]　ここでは直接排出，エネルギー利用の間接排出，エネルギー利用以外の間接排出と説明したが，サプライチェーンの排出量については国際的な標準があり，それぞれ Scope 1, Scope 2, Scope 3 と呼ばれる．

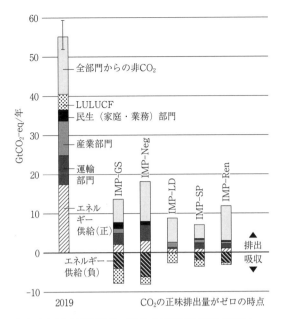

図 5.4 2019 年と CO_2 正味排出量ゼロ時点での部門別 GHG 排出量

IMP で始まるものは例示的排出削減経路である．IMP-GS は徐々に緩和を削減するシナリオ，IMG-Neg は CO_2 除去を強調するシナリオ，IMP-LD はエネルギー等の需要を削減するシナリオ，IMP-SP は社会全体が持続可能性を追求するシナリオ，IMP-Ren は再生可能エネルギーを強調するシナリオ，にそれぞれ対応する（IPCC, 2022a, Figure SPM.5 を改変）．

コラム 5.1 「カーボンニュートラル」/「正味（ネット）ゼロ排出」/「脱炭素」

江守正多

　2015 年に採択されたパリ協定において，「世界的な平均気温上昇を産業革命以前に比べて 2℃ より十分低く保つとともに，1.5℃ に抑える努力を追求する」という長期目標を達成するためには，「今世紀後半に人為的な GHG の排出と吸収源による除去の均衡を達成する」ことが必要と認識されている．この「排出と吸収（除去）の均衡」が「カーボンニュートラル」，「ネットゼロ排出」などの言葉で社会に広まっているが，これらの言葉を正確に使うにはいくつかの注意が必要である．

まず，人為的な排出と均衡する必要があるのは「人為的な吸収」（5.5 節のCO_2 除去）であることに注意しよう．現状で人為的な CO_2 排出の半分強は自然（陸域生態系と海洋）が吸収している（コラム 3.1）．この「自然の吸収」と均衡するまで人為的な排出を減らせば，GHG 濃度の増加は止まるが，海洋が遅れて暖まる性質（熱慣性）により気温上昇はしばらく続いてしまう（3.2.1 項）．パリ協定で目指しているのは，人為的な排出をさらに減らし，「人為的な吸収」と均衡する，すなわち人間活動による排出を正味（ネット）でゼロにすることである．このとき，自然の吸収により GHG 濃度は減少を始めて気温を下げるように働き，これが海洋の熱慣性による効果を打ち消して気温上昇が止まるのである．

　日本語では，この人為排出と人為吸収の均衡の呼び方に「ネットゼロ」「正味ゼロ」「実質ゼロ」といったいくつかの表現があるが，本書では「正味ゼロ」を用いる．

　次に注意すべきは，対象とするガスの範囲である．パリ協定で目指しているのは，CO_2 以外（CH_4，N_2O 等）を含む温室効果ガス全体（GHG）の排出正味ゼロであるが，国ごとの宣言などでは CO_2 のみの排出正味ゼロを目標としている場合もあるので注意しよう．GHG のうち，人為的な吸収源による大気からの除去が可能なのは基本的に CO_2 のみであるため，一般に GHG 排出正味ゼロは CO_2 排出正味ゼロよりも厳しく，CO_2 排出が正味でマイナスとなり CO_2 以外の GHG の排出を打ち消す状態を意味する．

　「カーボンニュートラル」は，炭素の排出／吸収が「中立」（ニュートラル）ということであり，元の意味としては CO_2 排出正味ゼロを表す．これと区別して，GHG 排出正味ゼロを「GHG ニュートラル」や「クライメートニュートラル」と呼ぶことが（まれに）ある．しかし，文脈によってはこのように区別せずに GHG 排出正味ゼロの意味でカーボンニュートラルという例もあるので注意しよう（2020 年に当時の菅義偉総理により宣言された日本の 2050 年カーボンニュートラルの内容は GHG 排出正味ゼロである）．

　世界全体を対象とした場合，カーボンニュートラルと CO_2 排出正味ゼロ（同様に GHG ニュートラルと GHG 排出正味ゼロ）は同義だが，個別の主体（国や企業など）を対象とした場合は違う意味で使うことがあり得る．IPCC の用語集[3]によれば，「正味ゼロ」は主体の直接的な排出量，「ニュートラル」は主体の活動に関連して外部で間接的に生じた排出量を含むという使い分け

---

[3]　https://apps.ipcc.ch/glossary/

があり得る．しかし，ビジネスの文脈等では逆に，間接的な排出量を含むものを「ネットゼロ」（含まないものを「ニュートラル」）と表す場合があるようだ．

このように，これらの用語の使い分けは必ずしも統一されていないため，厳密な議論が必要な場合には，対象とするガスの範囲（CO_2 か GHG か）や対象とする排出・吸収活動の範囲（間接的なものを含むか否か，どこまで含むか）をその都度明確化した方がよいだろう．

なお，類似の用語である「脱炭素」や「脱炭素化」は英語の decarbonization の訳であり，カーボンニュートラルや排出正味ゼロと同様の状態をさす場合もあるが，人間活動からの CO_2 排出を（ゼロに向けて）減らす取り組み一般をさす場合もあり，比較的あいまいな言葉である．文字通りには CO_2 を対象とした言葉だが，文脈によってはそれ以外の GHG を含む意味でも使われる．

5.2 エネルギーシステム

まずは，現在の世界におけるエネルギーシステムがどのようになっているのか解説する．

以下に示したのは，サンキーダイアグラムと呼ばれるエネルギーの流れ（フロー）を可視化した図である（図5.5）．サンキーダイアグラムでは，連結線の幅で流れの量を表している．この図の左側には，石油・石炭・天然ガスといった化石燃料や，水力・原子力・風力・太陽光などの自然にあるエネルギーが記載されている．これらの自然に存在する1次エネルギー供給（primary energy supply）を，電力などの2次エネルギーへと転換して，最終エネルギー消費（final energy consumption）へといたるまで，各プロセス間の流量が可視化されている．なお，各数値は EJ（エクサジュール；10の18乗ジュール）という単位で表されている．

ここに掲げたサンキーダイアグラムにおいて明らかなのは，現状の1次エネルギーは石油・石炭・天然ガスの化石燃料が大半であるという点である．石油（191 EJ）に焦点を当ててみると，ガソリンや軽油などへと精製された

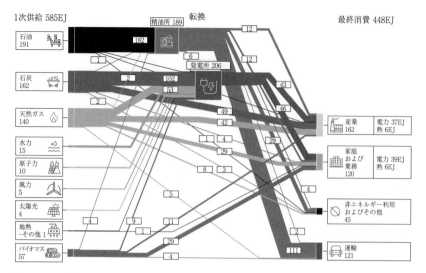

図 5.5　2019 年の世界のエネルギー生産および消費を示すサンキーダイアグラム（IPCC, 2022b, Figure 6.1 を改変）

のち，その大半（111 EJ）が運輸部門すなわち自動車などの燃料として最終的に消費されていることがわかる.

　次に，石炭についてみると，多くは発電用途で使われていること，そして，発電した電気は産業や住宅・商業用等の建物で消費されていることがわかる.

　天然ガスは多様な使い方があるが，この図では石炭同様に，発電後の電気も含めて産業・建物での利用が主である.

　これらの化石燃料に次いで多いのが，動植物などから生まれた生物資源，すなわちバイオマスである. バイオマスとは，大きく 2 種類に分類できる. 1 つ目は，炊事などに用いる薪や炭といった伝統的バイオマスである. 産業革命以前は人類が使用していた主要なエネルギーであり，現在でもアフリカ諸国などでは広く使われている. 2 つ目は，近年広がりをみせる現代的バイオマスである. 近年増加しているバイオマス発電に使う固形燃料（木質ペレット）や自動車用のバイオ燃料などがそれに該当する.

　ここまで述べてきたように，従来型のエネルギーシステムは，化石燃料に大きく依存していることがわかる. パリ協定で合意された長期的な温度抑制

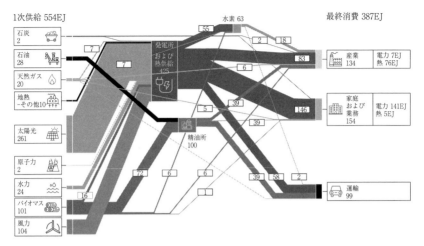

図 5.6　再生可能エネルギーが中心となるシナリオにおける 2060 年のエネルギー生産・消費の流れを示すサンキーダイアグラム（IPCC, 2022b, Figure 6.1 を改変）

の実現に向けて，CO_2 をはじめとした GHG の排出量を減らすためには，この従来システムを大きく転換させる必要がある．その 1 つのシナリオを，次のサンキーダイアグラム（図 5.6）に示す．

　図 5.6 は，2060 年時点で CO_2 排出量が正味でゼロ（ネットゼロ）になる 1 つのシナリオを示したもの（図 5.4 の IMP-Ren，再生可能エネルギーを強調するシナリオ）であり，前掲した図 5.5 と比較すると，石油・石炭・天然ガスの使用量が大幅に減少していることがわかる．

　付け加えると，石炭の使用においても，たとえば火力発電に用いる際に，後で述べる CO_2 を取り除く技術を活用することで，CO_2 排出を削減してクリーンに使用できる方法は存在する．しかしながら，どのシナリオにおいても，化石燃料への依存度を大幅に下げる想定となっている点は共通している．実現にはさまざまな課題が存在するが，世界における温暖化対策は，この方向性で進んでいくことを理解しておく必要がある．

　化石燃料の代替として増加が見込まれているのが，再生可能エネルギーである．再生可能エネルギーとは，利用する以上の速度で自然によって補充される（すなわち再生する）エネルギーをさす．（化石燃料は枯渇性エネルギ

ーである.）図 5.6 に示した 2060 年のシナリオでは，太陽光（261 EJ）と風力（104 EJ），そしてバイオマス（101 EJ）が主流になると想定されている.

　もう1つ特徴的なのが，フローの中間に位置するエネルギー転換の部分である.　従来の石油精製プロセスの割合が減少し，代わりに電力が大幅に増加し，発電後の最終エネルギー消費についても，産業や住宅，商業用の建物，運輸それぞれにおいて電力の割合が増加している.　今後はこのような電気中心への転換，すなわち電化（electrification）が進んでいくと予想されている.

　こうした緩和シナリオは，ここで示したもの以外にも複数存在し（図 5.4 参照），細かな数字はシナリオごとに異なる.　原子力や CO_2 回収・貯留（CCS: Carbon dioxide Capture and Storage）付きの化石燃料が大きな役割を占めるようなシナリオもある.　CCS とは煙突などから CO_2 を回収・貯留する技術を指す.　しかし，いずれの場合でも，再生可能エネルギーが中心となり転換が進んでいくというのが，エネルギーシステムの大きな流れである.実際に再生可能エネルギーへの移行は始まっており，ここで示した現状の図もダイナミックに変化していっているものと理解されたい.

　エネルギーシステムの理解には，エネルギーキャリアという概念が有用である.　エネルギーキャリアとは，エネルギーの輸送や貯蔵できる物質・現象を指す.　そのうち，クリーンなエネルギーキャリアは，電気・水素・バイオマスの3種類に分類するとわかりやすい.　たとえば水素が中心的なエネルギーキャリアになるシナリオを水素経済と呼称する.　実際のところエネルギーは転換できるのでキャリア同士の変換も可能である.　電気から水素を作ったりすることもできるし，水素も（化学反応を通じて）アンモニアや CH_4 に転換した方が便利な場合もある（5.2.4 項参照）.

　緩和策のためにはエネルギーキャリアをクリーンな方法で製造する必要がある.　現在の水素製造は天然ガス改質が主要な製造方法で GHG が排出されている.　キャリア自体はクリーンな場合もあれば環境汚染を引き起こす場合もある.

5.2.1　再生可能エネルギー

　ここからは，エネルギーシステムにおけるクリーンなエネルギー源として

重要な役割を担う再生可能エネルギーについて解説する.

太陽光発電

　地球上に存在するエネルギーは，そのほとんどが太陽エネルギーによって生まれたものだと言える．太古の動植物の死骸が地中に堆積し，長い時間をかけて変成されてできる石炭・石油などの化石燃料も，太陽のエネルギーによって生まれたものであるし，風力発電に使う風も，元をたどれば大気が太陽の光で熱せられ循環することが原因である．ここで解説する太陽光発電（太陽光 PV（photovoltaic）発電，太陽電池発電）とは，太陽から放出された光のエネルギーを直接資源として活用する発電方法である.

　地球に降り注ぐ太陽光のエネルギー量は，人間活動によって消費されるエネルギー量（前述の 1 次エネルギー供給量：～ 585 EJ）の千倍から数千倍に達すると言われている．この膨大なエネルギーを活用できれば，理論上は太陽光エネルギーで世界中のエネルギー消費をまかなえると言える．ただし，アメリカや中国のように広い国土がある場合は，太陽光発電に必要な設備の設置場所を確保しやすいが，日本やシンガポールのように国土が狭く人口密度が高い場合，屋根や壁面などがあるとはいえ相対的には設置場所が限られ，また安い土地が確保しにくい国でも設置場所が限られてしまう．こうした地理的な条件にも留意しなければならない.

　太陽光発電は，多数の太陽電池セルを直列につなげてモジュール化した太陽電池パネルを使って，光を電気エネルギーへと変換する．このセルの内部には n 型半導体と p 型半導体の接合面が作られており，シリコンが光を吸収して生じたプラスとマイナスが内部電場によって別方向に移動して，電流が流れる仕組みである（図 5.7 参照）.

　世界的に最も流通しているのが，結晶シリコン系太陽電池と呼ばれるタイプである．このシリコン系太陽電池は，製造方法によって単結晶，多結晶，薄膜の 3 タイプに分類され，中でも単結晶のものが市場で多く流通している．結晶シリコン太陽電池以外では CdTe（テルル化カドミウム）や CIGS（セレン化インジウムガリウム銅）という化合物半導体を材料とした薄膜太陽電池が生産されている．そのほか，最近，次世代型の太陽電池として注目され

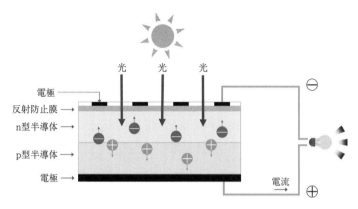

電極

反射防止膜 →

n型半導体 →

p型半導体 →

電極 →

光　光　光

電流

図 5.7　太陽光発電の仕組み（エネルギー総合工学研究所，2021 および太陽光発電のススメ，2010 をもとに作成）

ているのがペロブスカイト太陽電池である．これはペロブスカイト構造の有機金属ハライドの多結晶の超薄膜（500 ナノメーター程度）を発電層に用いた太陽電池で，軽量（シリコン太陽電池の約 10 分の 1 の重量）であるほか，発電層の重量の 6 割は国産原料のヨウ素を使うので純国産化が可能である．また，実験室レベルでは，現在主流である結晶シリコン太陽電池に匹敵する高い変換効率を達成しており，期待が寄せられている．

　現在，日本でも太陽光発電の導入拡大が進んだが，こうした導入推進の大きな契機となったのは，2012 年に始まった固定価格買取制度（FIT（Feed-In Tariff）制度）である（再生可能エネルギー支援政策の緩和政策での位置づけは 6 章を参照）．太陽光発電などの再生可能エネルギーで作られた電力を，電力会社などが国の定めた価格で一定期間買い取るルールが定められたことで導入が進んだ．住宅の屋根に太陽光パネルを設置する家庭が増えたため，日常生活において目にする機会が増えたと感じる人も多いだろう．2022 年（暦年）の日本における太陽光発電の導入量は約 7000 万 kW，総発電量に占める割合は 9.9% に達した．国際的にも 2022 年の世界の発電量の 4.5% を占めた．

　太陽光発電は GHG 排出量が少ない技術だが，環境・社会問題を引き起こす場合もある．大規模太陽光発電（メガソーラー）を開発するために森林を

伐採したり，十分な計画なしに土砂崩れにつながったり，景観を損ねたりする場合もある．緩和策だといって環境アセスメントなどの適切な対応は省いてよいわけではない．

　また，太陽熱発電という方法も存在する．太陽熱発電（集光型太陽熱発電，CSP: Concentrating Solar Power）とは，太陽光を集光し，その熱を利用して蒸気タービンを回して発電する仕組みである．太陽光を集める原理そのものは，理科の実験で行う虫眼鏡で太陽光を集める仕組みとよく似ている．太陽熱発電を行う場合，集光する必要性があり，砂漠地帯のように強い太陽光（直達光）が降り注ぐ地域でなければ費用対効果が合わない．日本でも1981年に香川県で大規模な発電テストが実施されたが，焦点を合わせにくい間接光成分が多く，発電コストの問題で実用化への取り組みを断念した経緯がある．

　太陽熱発電のメリットは，熱エネルギーを蓄熱して日が沈んだ後も発電することが可能な点である．他方，太陽光発電の場合は太陽が上っている間にしか発電できない．

　現在の化石燃料中心のエネルギーシステムから，太陽光や風力などの変動性再生可能エネルギーを中心としたシステムへの転換を図る場合，電力をどのように蓄えておくのか，という問題が生じる．この問題については，後述する蓄電の項目でも触れるが，太陽熱発電なら蓄熱と組み合わせられるのでこれらの課題に対応できる点は1つのポイントである．

風力発電

　風力発電は風車を利用した発電方法である．風力エネルギー自体は，帆船の動力として利用されたり，風車による揚水や小麦の製粉に利用されたり，広く使われてきた歴史がある．日本では山田基博氏が開発し，戦後北海道で広まった山田風車などが発電用として実用化されていた．本格的な大規模発電用途での風力エネルギーの利用は，石油ショックを受けて1980年頃に実現した．

　風力発電の仕組みは，大まかに言えば，風力で風車を回し，その回転運動で発電機を動かし，発電を行うものである．風車が受けるエネルギーは，風

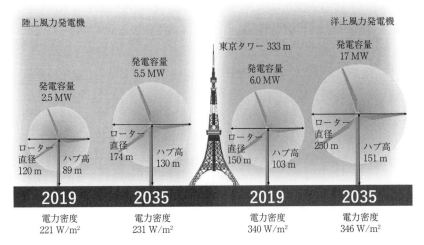

陸上風力発電機

発電容量
2.5 MW

発電容量
5.5 MW

東京タワー 333 m

発電容量
6.0 MW

洋上風力発電機

発電容量
17 MW

ローター
直径
120 m

ハブ高
89 m

ローター
直径
174 m

ハブ高
130 m

ローター
直径
150 m

ハブ高
103 m

ローター
直径
250 m

ハブ高
151 m

2019　　**2035**　　**2019**　　**2035**

電力密度
221 W/m^2

電力密度
231 W/m^2

電力密度
340 W/m^2

電力密度
346 W/m^2

図 5.8　陸上・洋上風力発電の現在と将来の性能と大きさ（Wiser *et al.*, 2021 をもとに作成）

車の直径の 2 乗に比例するため，より大きな電力を得るためには，巨大な風車が必要となる．また，同様に風速の 3 乗に比例するため，風速 10 m/s と風速 20 m/s では発電量は 8 倍の違いとなり，その差は歴然である．つまり，風力発電は，風車を巨大化することと，強い風が吹く風況のよい場所へと風車を設置することがポイントになる．こうすることにより発電コストも下がるので，現在世界ではプロペラ型風車の大型化が進んでいる．図 5.8 で示しているように，日本を代表する大型建築物の高さにおよぶ風車がすでに実用化されている．風車が大型化すると発電コストも上昇する一方で，風車 1 基あたりの発電量が高まるため，風力発電の発電コストは下降傾向にある．

　また陸上と洋上の違いも重要である．洋上の方が安定して強い風が吹く場所があるため，近年では世界的に海の上に風車を設置する洋上風力が注目されており，日本でも 2030 年までに洋上風力を 5.7 GW，陸上風力を 17.9 GW，合計 23.6 GW 導入する計画である．2040 年までは洋上風力だけで 30-45 GW の導入目標が示されている．導入促進のために海域を一定期間占用して利用できる枠組みを作る再エネ海域利用法が制定され，洋上風力発電事業の入札が行われて，本稿執筆時点で入札価格は kWh あたり 10 円台となっている．

　先ほど触れた風況も重要な要素で，風車を設置する前に，どこが設置場所

に適しているかを調べる必要がある．NEDO（新エネルギー・産業技術総合開発機構）の局所風況マップなど，日本国内の陸上および洋上における風況のデータベースが公表されている．日本においては，北海道や東北地方には風力発電に適した地域が多く，その発電ポテンシャルは高いが，関東や近畿といった電力需要の中心地からは離れている．

なお，設置場所は風況だけではなく，インフラの整備状況にも大きく影響される．たとえば，強い風が吹く山頂を想定すると，土地の造成が困難だったり，発電設備を運ぶ道路が整備されていなかったり，発電した電気を運ぶ電力網が不足していたりすると，設置は困難である．

風力発電は環境に優しいと手放しで喜べるわけではない．ワシなどの鳥が風力発電設備の羽根（ブレード）に衝突し死亡するバードストライクという問題が起きたり，超低周波音による騒音問題も指摘されている．洋上風力では漁業への影響の懸念もある．施設導入に際しては適切な環境アセスメント，および対策が重要になる．

太陽光発電と風力発電は天候によって発電量が変化する変動性再生可能エネルギーであり，変動以外にも共通点が２つある．１つ目は，いずれの発電方法も，世界的にみて急速な勢いで導入が進んでいる点である．急速な拡大によって北欧のデンマークなどでは風力発電の比率が国内の総発電量の50％近くを占めており，再生可能エネルギーによる発電が非常に重要な役割を担う事例が一部で現れ始めている．

もう１つの共通点は，発電コストの減少である．政府の補助や企業の支援，大学や研究機関の研究成果などのさまざまな要因に加え，再生可能エネルギーの市場規模が拡大し，学習効果[3]や規模の経済でコストが低下していると考えられる．従来の太陽光発電や風力発電は，化石燃料による火力発電と比べて発電コストが高額であるとされてきたが，条件次第では化石燃料と同等もしくは安価に発電できる場合も出てきている．

ただし，日本国内だけに目を向けた場合，内外価格差があり，建設コスト

3　生産技術の学習・習熟が進むほど，生産コストが低減することが経験則として知られている．これは，累積生産量が２倍になるたびに，製品コスト単価が一定の割合で減少する「学習曲線」または「経験曲線」という概念で説明される．

が外国より高すぎたり，土地代が高くついたり，電力会社との接続地点まで
の送電線整備費の負担が重かったりと，コスト要素が高めであり，太陽光発
電や風力発電の発電コストを高止まりさせている．

水力発電

　太陽光発電と風力発電が世界的に伸びていることは先ほど触れたが，再生
可能エネルギーはこの2種類以外にも多数存在する．中でも，歴史が長いの
が水力発電である．水資源が豊富な日本，カナダ，北欧諸国などでは，現在
も重要な役割を果たしている．

　水力発電の方法は大きく分けて，流れ込み式，貯水池式，調整式，揚水式
の4種類に分類できる．流れ込み式は，河川から発電所まで直接水路を引く
方法であるのに対し，貯水池式，調整式，揚水式はいずれもダムに貯めた水
を放水することでタービンを回し，発電する仕組みである．なお，揚水式の
方法はやや特殊で，発電に使うための水をポンプで汲み上げる必要があり，
電気が余ったときに水を貯めておく，いわば蓄電池のような役割を果たせる
点が特徴である．この揚水式の水力発電は，日本で多くの原子力発電所が稼
働していたころに，原子力発電で作った電気が余った際に利用されていた．

　水力発電はクリーンな再生可能エネルギーであり，長年活用され，開発も
進んできた．大きいものとなると1 GW（100万 kW）の発電容量のものも
ある．一方，古くから利用されてきたこともあり，日本や先進国では適地の
開発はし尽くされた感がある．発電のためダムを建設する場合，開発用地に
もともと存在する農地や住宅地を水没させてしまう．ダムそのものは治水の
ためにも重要な役割を持っているが，他方で環境破壊への懸念もある．これ
らの理由から，今後の大規模開発は難しい．

　そこで，最近注目を浴びているのが30 MW（3万 kW）未満の中小水力発
電である．流れ込み式の場合，河川や農業用水，上下水道を利用できる場合
もあるため，ダム開発が必要な方式と比べて導入しやすい．ただし，中小水
力発電は発電コストが高い傾向にあるという問題もある．

　これらを総合して考えると，水力発電は有用な再生可能エネルギーである
一方，太陽光や風力のような急速な普及は難しいと言える．

バイオマス発電

　先ほど，エネルギー転換の項目で触れたバイオマス発電も，世界で普及が進んでいる発電方法である．バイオマスと呼ばれるものとしては，農作物，林業生産物，水性植物，作物残渣，食品製造時の残渣，動物の排泄物，生ごみ，下水汚泥などの廃棄物が挙げられる．

　バイオマス発電は理論的に CO_2 を排出しない発電方法だとされている．その理由を，前述した木材（木質ペレット）を用いたバイオマス発電を例にとって解説する．木材はもともと光合成によって CO_2 を吸収して成長したものである．発電のために木材を燃焼させることで CO_2 は発生するものの，その CO_2 はもともと大気中に存在していたものなので，実質的には大気中の CO_2 を増やさないと考えることができる．なお，化石燃料も元をたどれば光合成で CO_2 を吸収した植物が化学変化したものではあるが，はるか昔のものなので，現在燃やすと CO_2 は増えることになる．

　ただし，バイオマスを作る際に肥料を加えることで N_2O などの GHG が排出されることがあるほか，バイオマスの運搬にガソリン車やディーゼル車を使うことで CO_2 が排出される点には注意が必要である．

　木質ペレット以外に有望視されている用途が，液体燃料である．液体燃料にもさまざまな種類があり，代表的なものとして，バイオエタノールやバイオディーゼル燃料（BDF: Bio Diesel Fuel）がある．ブラジルではバイオエタノールの製造が盛んで，生産量はアメリカに次ぐ世界 2 位の規模であり，なおかつ乗用車はバイオエタノールとガソリンの両方を燃料として使えるフレックスフューエルが新車導入の 8 割を超える．この背景には，農業大国でもあるブラジルでは，バイオエタノールの原料にもなるサトウキビの生産が盛んであり，安価なバイオエタノールの生産が可能である点が挙げられる．

　液体燃料に関しては，持続可能な航空燃料（SAF: Sustainable Aviation Fuel）の開発も進んでいる．運輸部門のうち，とくに航空輸送については自動車とは異なり，重量のあるモーターやバッテリーを積むには限界があるため，電化による対応が難しい分野だとされている．そのため，次世代燃料としてSAFの開発に期待が寄せられている．日本国内においても，2021 年に日本航空（JAL）ほか数社が全国から集った衣料品の綿を原料としたバイオ

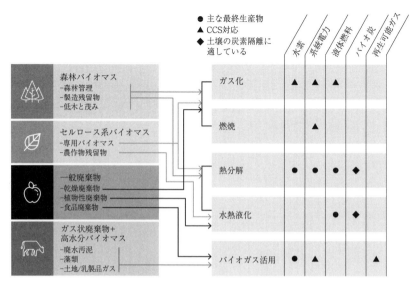

図5.9 バイオマスエネルギーの利用方法（IPCC, 2022b, Figure 6.14）
再生可能天然ガスは天然ガスを代替できる品質のバイオマス起源のガス燃料.

ジェット燃料を製造し，商用フライトを行った実績がある．他にも，培養した藻類の抽出液や廃食用油から液体燃料を製造する取り組みも進んでいる．

　バイオマスは多様な種類があり，それらの使い道も発電に利用したり，熱を利用したり，燃料へと変換したりと多岐にわたる（図5.9）．加えて，森林バイオマスは林業振興，廃棄物系バイオマスは廃棄物処理の収益化といった地域課題の解決に貢献すると期待される．潜在的には非常に有望な分野であると言えるが，ここでもコストが問題になることに注意しなければならない．さらに，LCA の観点から製造や輸送の過程における GHG の排出に気を配ることも重要である．国土の3分の2が森林で豊富な森林資源を有する日本において，とくに注目されている木質バイオマス発電は，現時点では太陽光や風力と同等レベルで発電コストが下がっているとは言い難い．そこで，発電と熱供給を同時に行う熱電併給（CHP: Combined Heat and Power）により，バイオマスエネルギーを効率よく利用する取り組みもなされている．

地熱発電

　地熱発電は，ここまで解説してきた太陽エネルギー由来の再生可能エネルギーとは異なり，地球から発生する熱エネルギーを利用した発電方法である．この熱エネルギーは，ウラン，トリウム，カリウムの放射性同位体の崩壊によるものや，地球が誕生したときの隕石の衝突によって発生した膨大な熱エネルギーが地球の中心（コア）やマントルなどに蓄積されたものだと考えられている．地球の中心部の温度は数千℃にも達し，この地熱がじわじわと地表面に出てくるのである．火山から噴出するマグマや，地下水が熱せられて地表に湧き出る温泉は，この熱の影響で生じたものである．

　地球から発生した熱を利用する地熱発電で最も一般的な方法は，井戸を掘って地熱流体を掘り出し，熱水と蒸気を分離し，蒸気でタービンを回すフラッシュ式発電で，つまり地下水が熱せられて生じたお湯や蒸気を利用するものである．

　これ以外にも，100℃前後の低温熱源を用いたバイナリー発電や，掘削した井戸の中に水を注入し，人工的に熱水と蒸気を取り出す地熱増産システム（EGS: Enhanced Geothermal System）と呼ばれる方法がある．

　日本列島は環太平洋火山帯（リングオブファイア）に位置しており，温泉資源や地熱資源に恵まれている．この地理的な条件から，地熱発電は以前から日本でも着目されてきた分野で，1966 年に岩手県八幡平市で松川地熱発電所が国内で初めて商用運転を開始した．現在，東北地方や九州地方を中心に地熱発電所が多数稼働している．

　世界的に地熱発電が注目されているのは，太陽光発電や風力発電のように天候や風況に影響されない点である．ただし，地熱を取り出せる場所は限られているため，設置場所による影響を強く受ける．地熱発電が盛んな国は世界的に見ても一部の国に限られており，アイスランドやニュージーランドが該当する．また，アメリカのカリフォルニア州ガイザースには 23 基もの地熱発電ユニットが集中しており，同国は世界最大の地熱発電設備容量を誇る．

　前述したように，日本も地熱発電に適した国であり，資源量のポテンシャルは世界第 3 位となっている．しかし，その他の地熱発電大国とは異なり，発電に適した場所が山間部に多い．そのため，井戸の掘削や設備の設置・運

搬にかかるコストがかさみ，結果的に発電コストが高額となる．また，発電
に適した場所は国立・国定公園内に存在する場合も多く，大規模な開発が難
しいという事情もある．さらに，地下水を使用する関係上，温泉資源などと
競合し，温泉地の事業者などや地元住民からの反対にあう懸念などもある．

　そもそも，地熱開発には大きなリスクが伴う．10億円程度をかけて蒸気
や熱水を取り出す生産井を掘っても望み通りの温度や蒸気量が得られなかっ
たり，有害物質が噴き出す場合もある．また，発電に使った後の水はやはり
多くのミネラルを含んでいるため川には流せず，環境破壊をしないように還
元井で地下に戻す必要があり，これにも費用がかかる．日本では，現時点で
は他の再生可能エネルギーと比べてもコスト競争力はない．そのため，豊富
な資源を有していながら，日本の地熱発電は世界と比べて普及が進んでいな
いのが現状である．

その他の再生可能エネルギー

　ここまで解説した再生可能エネルギー以外にも，今後の活用が期待されて
いる分野はいくつか存在する．

　浅い地盤や大気中の低温の熱エネルギーを利用するヒートポンプシステム
などがその1つだが，これは民生部門の項目（5.3.1項）で解説する．

　そのほかにも，海で発生する波力や潮力から得られるエネルギーを利用し
た海洋エネルギー発電や，表層部と深層部の海洋温度の差を利用した海洋温
度差発電なども開発が進められている．

5.2.2　蓄電

　前節で述べたように，化石燃料に由来する従来のエネルギーから，太陽光
や風力をはじめとした再生可能エネルギーへの転換が必要なのは，ほぼ確実
だと言える．他方，天候や場所による影響が非常に大きいという問題がある
ことも，すでに述べた通りである．これらの問題への対応として，発電した
電気を貯めておく技術が重要になる．そこで，この項では蓄電に関する技術
について解説する．

　蓄電技術には多くの種類が存在し，特性や目的もさまざまである．たとえ

ば，水力発電の解説で触れた揚水式の水力発電も，発電に必要な水をあらかじめ貯めておくことから，蓄電技術の1つである．それ以外にも，水素を製造して貯蔵する，生み出した熱を貯める（蓄熱），空気を圧縮してエネルギーを貯めるなどの方法も存在する．

　スマートフォンやパソコン，タブレットといった電子機器には，蓄電池として主にリチウムイオン電池が使用されている．リチウムイオン電池については技術開発が進んでおり，電気自動車向けの分野をみると，過去十数年でコストが劇的に下がっている．電力系統（送電線・変電所・配電所などのインフラ）に接続して安定性を保ったり柔軟性を供与する用途についても，東北電力の西仙台変電所と南相馬変電所には，大型リチウムイオン電池プラントがおかれている．なお，リチウムイオン電池と比べて大容量で長時間タイプの蓄電システムに適したナトリウム硫黄電池（NaS電池）は日本で開発され，世界各国に輸出されている．

　蓄電の重要性は，電力系統の性質と関連がある．電力会社が発電所で作る電力と同じ量を需要側が消費しないと（同時同量），周波数が変動し電力系統が不安定になるおそれがある．それを補う方法の1つが蓄電技術の役割である．従来の火力発電であれば発電量の調整は容易であったが，発電量が天候や場所などの条件に左右される太陽光発電や風力発電の普及が進むと想定すると，余った電力を蓄え，足りないときに系統に戻す蓄電技術の重要性は今後ますます高まるだろう．

　なお，同時同量の達成方法は多数ある．電気が余っているときにヒートポンプ式温水器でお湯を沸かしたり，電気自動車を充電したり，電炉で鉄を製造したりという需要応答や，余った電気でグリーン水素（5.2.4項参照）を製造することも検討されている．

5.2.3　原子力発電

　原子力発電については，2011年3月11日の東京電力福島第一原子力発電所の過酷事故以降，さまざまな国民的議論が行われている．他方，CO_2をはじめとしたGHGの排出という観点からみると，排出量がきわめて少ない発電技術であることは間違いない．

既存の原子力発電所の大半は，ウランを燃料とし，減速材・冷却材として軽水（通常の水）を用いる軽水炉が採用されている．蒸気を発生させる仕組みによって，沸騰水型軽水炉（BWR: Boiling Water Reactor）と加圧水型軽水炉（PWR: Pressurized Water Reactor）に分かれる．BWRは原子炉の中でできた蒸気をそのままタービンに送るのに対し，PWRは原子炉でできた高温高圧の水を用いて蒸気発生器で蒸気を作る．いずれの場合でも，原子炉の熱で水を沸騰させ，できた蒸気の力で発電用のタービンを回して電気を作る仕組みは共通している．

　2010年の時点で，日本の原子力発電の構成比は全体の25%を占めていた．これは，天然ガス，石炭に次いで3番目に大きい割合だった．その情勢が大きく変わるきっかけとなったのが，先に述べた東北地方太平洋沖地震による地震動と津波を起因とする，東京電力福島第一原子力発電所事故の発生である．この事故後，全国の原子力発電所が安全対策のために順次停止した．その後，この事故を踏まえた新たな規制に適合した原子力発電所が順次再稼働を行ってきたが，原発の役割は縮小したままであり，2020年時点では全体の6%を占めるにとどまっている．老朽化された原発は廃炉されていくため，2023年の法改正で原発の寿命が延びた（正確には60年超の運転期間が可能になった）が，2050年に向けて新増設を行わない限り原発の役割は小さなものになる．日本では原子力発電は補完的な役割にとどまる可能性が高い．

　原発事故の際，周辺住民は県内外への避難を余儀なくされ，2023年3月時点で2万7000人を超える住民が帰還できないでいる．また，福島第一原子力発電所が廃止された後も廃炉作業は続いており，元の状態へと完全に戻す（廃止措置の完了）までには30-40年という非常に長い時間が必要となる．

　また，本稿執筆中の2023年で大きな課題となったのが，汚染水と処理水の問題である．福島第一原子力発電所では，メルトダウンして生じたデブリにも水による冷却を続けている．このとき，冷却に使用した水は高濃度の放射性物質に触れ，汚染水となる．その汚染水に含まれる放射性物質を浄化したものが，処理水と呼ばれる．今後も増え続ける処理水の対応策として，2023年夏に処理水の海洋放出が開始された．

　福島の復興や放射性廃棄物の処分など，日本の原子力発電が抱える課題は

多い．また，この章末のコラム 5.2 でエネルギー安全保障について触れるが，原子力発電の場合は一度ウランを購入すれば，長期間発電することが可能であるため，安定的な燃料の確保という点でも優れている．山積みの課題とこれら技術的な利点のすべてを踏まえて，原子力発電をどのように位置づけるか，国民的な議論が必要である．

5.2.4 水素

前述したように，エネルギーにはキャリアという概念があり，エネルギーキャリアは，有用な機械的・電気的なエネルギーや他のエネルギーに変換できる物質や現象を指す．ガソリン，バイオ燃料，電気などもすべてエネルギーキャリアである．さまざまなキャリアがあるが，この項では水素関連のエネルギーキャリアについて述べる．

まず，水素の製造，輸送，貯蔵，そして利用について，それぞれの方法を下記の図で示す（図 5.10）．この図からも，水素の製造方法は多彩であることがわかる．科学的に厳密ではないが，製造方法を区別するために色を使った名前で区別することがある（水素自体は無色である）．たとえば，再生可能エネルギーから作る場合はグリーン水素と呼ばれ，CO_2 回収・貯留（CCS，詳細は 5.3.3 項）を備えた上で化石燃料から作る場合はブルー水素，CH_4 が主成分である天然ガスを改質して，CH_4 ガスの炭素分を取り除き，水素を取り出して製造する場合はグレー水素と呼ばれる．また，バイオマスを高温で熱して発生したガスを分解して水素を取り出すことも可能である．他にも原子力発電で水を電気分解して水素を得る方法もある．

基本的にどのエネルギーにも，生産，輸送，貯蔵，流通などを経て，最終消費者まで届くプロセスが存在する．水素エネルギーについても同様で，生産した水素をどのような形で運搬するのか，方法はさまざまである．水素ガスを圧縮して耐圧容器へ貯蔵して運搬する方法の他，水素ガスを冷却させ，液体にして運ぶ方法がある．その他，水素を物質に変換する方法もある．たとえば水素と窒素からアンモニア（NH_3）を作り，輸送後に逆反応で水素を取り出す方法である．他にも水素と CO_2 から CH_4 を合成するメタネーションや，触媒を介してフィッシャー・トロプシュ合成法で合成燃料を製造する

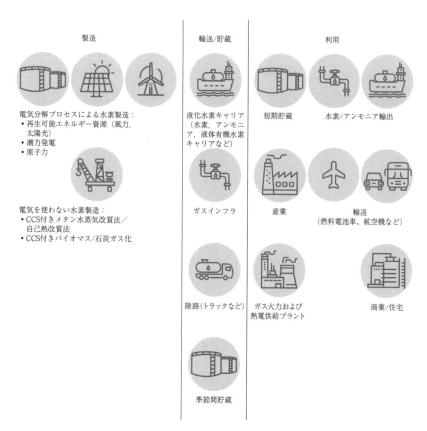

製造　　　　　　　　　　　　　　　輸送/貯蔵　　　　　　　　　　　　利用

電気分解プロセスによる水素製造：
• 再生可能エネルギー資源（風力，太陽光）
• 潮力発電
• 原子力

電気を使わない水素製造：
• CCS付きメタン水蒸気改質法／自己熱改質法
• CCS付きバイオマス/石炭ガス化

液化水素キャリア（水素，アンモニア，液体有機水素キャリアなど）

ガスインフラ

陸路(トラックなど)

季節間貯蔵

短期貯蔵

産業

ガス火力および熱電供給プラント

水素/アンモニア輸出

輸送（燃料電池車、航空機など）

商業/住宅

図5.10　水素と関連キャリアの製造から利用までの流れ（IPCC, 2022b, Figure 6.17）

手法も開発が進んでいる．メタネーションや合成燃料は変換でエネルギーの損失が大きいが，既存のインフラや技術を活用できる利点もある．

　運搬のために用いる移動手段については，船舶で輸送する方法がある．その場合，たとえば，太陽光発電の資源賦存量が豊富で安価に発電が可能な中東やオーストラリアなどで生産したアンモニアを日本へ輸出する，といった流れになる．運搬元と運搬先が比較的近場にある，あるいは同じ大陸上でつながっている２国間である場合は，現在石油や天然ガスで利用されているのと同様に，パイプラインを敷設して運ぶ方法もある．また，トラックによる輸送も一般的な方法である．

水素の利用方法も，さまざまなものがある．私たちの暮らしに身近な水素利用といえば，家庭用熱電供給燃料電池システムであるエネファームがある．都市ガスなどから取り出した水素と空気中の酸素を化学反応させて電気を作り出す仕組みで，エネファームの設備の中には燃料電池が組み込まれている．熱も電気も同時に作れる効率が高いシステムである．

　世界的にみて，水素の利用でとくに注目されているのは，運輸部門と産業部門である．運輸部門については，バスやトラックなどの大型車両といった旅客，貨物などで燃料電池への関心が高い．

　産業部門，とくに鉄鋼のような産業では，鉄と酸素からなる鉄鉱石から酸素を取り除いて鉄を製錬するためには還元剤が必要になり，これを電気だけで置き換えるのは難しい．そのため，エネルギーとしてではなく化学反応のために水素を活用する方法の開発が進んでいる．

5.3　各部門で有効な緩和オプション

5.3.1　民生部門（家庭・業務部門，建物部門）

　民生部門とは，建物，建築に関わる分野で構成されるもので，家庭部門と業務部門に分けられる．私たちは家庭であれ職場であれ，照明をつけたり，冷暖房を使ったり，暮らしや仕事の中でごく当たり前にエネルギーを利用している．現在のところ，これらのエネルギーの多くは化石燃料に由来するものであるため，私たちも日々の暮らしの中で CO_2 を排出している．

　この項で取り上げるのは，これら建物の利用において排出される CO_2 をどのように減らせばよいのか，という内容である．ここでは IPCC を参考に，効率化（efficiency），クリーンエネルギー，充足性（sufficiency）という 3 つの視点で考える[4]．

4　IPCC では民生部門の緩和策としてクリーンエネルギーではなく再生可能エネルギーという用語が使われている．建物の屋根や敷地で自家発電などをする場合，太陽光発電やバイオマス発電などの再生可能エネルギーが現実的であるが，外部から購入する電気などをクリーンにする方法も重要な対策オプションであるので，ここではより広くクリーンエネルギーという言葉を用いた．

効率化

　最も簡単に取り組めるのは，エネルギーの効率化（省エネルギー）である．たとえば，建物の断熱性が向上すると，室内外の熱エネルギーのやり取りが減り，冷暖房の使用を抑えることができる．具体的な方法として，建物の窓を二重ガラスにする方法や，断熱性の高い壁材・床材を使用するなどがある．その他にも照明を白熱電球や蛍光灯から LED 電球へと換えたり，冷蔵庫などの家電を高効率のものに換えたり，といった方法も挙げられる．

　また，効率化を考える際に 1 つの有効な対策として挙げられるのが，ヒートポンプの使用である．ヒートポンプとは，大気や地中と室内環境との間で熱エネルギーを移動させる機械である．通常のポンプが水などを集めたり運んだりする機械であるのに対し，ヒートポンプは熱を集めたり運んだりする．私たちの暮らしにも身近なエアコンや冷蔵庫は，ヒートポンプの一種である．冷房・冷却についてはヒートポンプが広く使われているが，暖房や給湯については電気ヒーターや電熱温水器，ガス給湯器やボイラーなどが使われており，これらをヒートポンプ（エアコンやヒートポンプ式給湯器など）に切り替えると効率を上昇させられる．

　なぜヒートポンプは効率が高いかというと，熱を作るのではなく運ぶことにエネルギーを使うからである．電気ヒーターでは 1 の熱エネルギーを作るのに 1 の電気エネルギーが必要になるが，エアコンを暖房に使えば，1 の電気エネルギーで 1 以上の熱エネルギーを運ぶことが可能である．専門的には投入エネルギーあたりの運べるエネルギーのことを COP（Coefficient of Performance，成績係数）と呼び，市販のエアコンでは COP が 6 のものもある．

　熱力学的な補足をすれば，熱機関（例：カルノーサイクル）の逆（例：逆カルノーサイクル）をしているため，効率の最大値が 1，つまり 100% で制限されないことになる．

　なお，ヒートポンプは冷媒と呼ばれる物質で熱を運ぶ．冷媒にはさまざまな種類があるが，フロンや代替フロンといった冷媒は GHG であり，回収し適切に処理することが必要である．漏洩すると地球温暖化につながってしまう．

再生可能エネルギー等クリーンエネルギーの導入

冷暖房のうち暖房については，ガスストーブや灯油ストーブなどが現在でも使われている．これらは化石燃料を燃やす仕組みであるため CO_2 が排出される．これらをバイオマス起源のものに変更すれば CO_2 排出削減になる．また前の節で触れたように，設備を動かすために電気を使用する点もポイントである．再生可能エネルギー，原子力，CCS 付きの火力発電，水素（アンモニア）など，クリーンに製造した電気を自宅やオフィスで使うことで，CO_2 の排出は削減されると考えることができる．

建物自体に再生可能エネルギーを導入することもできる．昨今の一戸建て住宅や平屋の工場をみると，屋根の上に太陽光パネルを設置している事例が多い．建物で使う電気を，同じ建物内で行う太陽光発電でまかなうことで，CO_2 の排出を削減することができる．

充足性

緩和策としての充足性とはあまりなじみのない言葉であるが，つまりは足るを知るということである．エネルギー消費について，需要者側，つまりエネルギーを消費する私たちが，無駄な使い方をしている面は大きい．日本ではなじみが薄いかもしれないが，たとえば，広大な土地を有するアメリカのような国では，住宅のサイズも大きくなりがちである．必要以上に住宅を大きくしないことでエネルギーの消費を抑えることができる．

また，冷暖房の使用について考えると，いくら夏であるといっても室内をキンキンに冷やしたり，冬に T シャツ 1 枚で過ごせるほど温めたりするのは，過剰な使用であるとの見方もできる．たとえば，上着を 1 枚着て，暖房の設定温度を 1℃ から 2℃ 下げるだけでも，消費するエネルギー量を減らすことができるのである．

とはいえ，過剰な我慢を推奨しているのではない．たとえば，断熱性を高めて全館暖房を行うことで，高齢者が風呂場で陥りやすいヒートショック（急激な気温の変化による血圧の変化で起こる健康被害の総称）を防げるといった，暮らしの中でのメリットもあるのである．

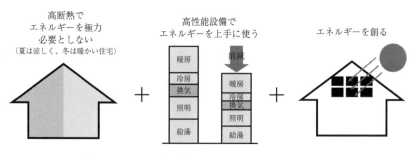

図 5.11 ゼロエネルギーハウス（ZEH）の模式図（経済産業省資源エネルギー庁，2023 を参考に作成）

ゼロエネルギーハウス／ビルディング

　最後に，民生部門のトピックとして，省エネルギーを実現する建築物について取り上げる．近年注目されているのが，ゼロエネルギービルディング（ZEB: Zero Energy Building）やゼロエネルギーハウス（ZEH: Zero Energy House）と呼ばれるものである（図 5.11）．再生可能エネルギーによる発電や高効率な設備システムを導入して，外からエネルギーを購入するのではなく，建物がエネルギー面で自立する，つまりゼロエネルギーになる点が特徴である．日本でも，住宅やオフィスはこの方向へと進んでいる．

　基本的には，太陽光エネルギーを中心としており，太陽光発電で電力をまかない，太陽熱も利用して断熱・換気を行うなど，さまざまな技術を組み合わせる．実際に完全に電線やガス管から切り離すのは難しいのだが，ZEB や ZEH に近い形で建物を作ることは緩和策に大きく貢献する．

　ZEB や ZEH はエネルギー面で独立しているため，たとえば災害によって停電やガスの途絶が起こったとしても自前の発電設備である程度は対応できる．このように，災害に強い点も大きなメリットである．太陽光発電に頼る場合は，前述したように気候条件で発電量が大きく変わるため，基本的にZEB や ZEH の運用にあたっては，バッテリーに電気を貯めておく必要があるものの，大規模災害時でも家電設備が一定以上使える点は，生活の快適性を確保する上で有用であると言える．

都市計画

　日本に住んでいると，東京，大阪，名古屋のような都市部を除けば，基本的に移動には自動車が必要になる．しかし，どの程度の台数が必要かどうかは，都市計画に大きく影響される．世界中の人々がどんどん巨大な都市（メガシティ）へと集中しており，都市に住む人口の割合が 2030 年には 60% に達するとする推計もある[5]．人間の経済活動は基本的に都市が中心なので，都市計画をどのように定めるかは，非常に重要な問題である．

　たとえば人が生活する場所を一定のエリアに集中させて，職住近接つまり働く場所も住む場所も近づけるコンパクトシティを築くことで，そもそも移動自体を減らすことができる．さらに，病院や学校などの生活に必要な施設を集中させれば，場合によっては歩行や自転車利用のみで済んでしまい，車の使用を減らすだけでなく公共交通機関の利用さえも減らすことが可能である．移動が減れば，その分 GHG 排出が減ることになる．ただし，どれぐらい自動車が必要になるか，どれぐらいの CO_2 が排出されるかは，都市構造や土地利用にも関わるため，都市ごとに異なる．

　他の緩和策と違い，都市計画は，基本的には政策とガバナンスの側面が大きい．土地利用計画を通じて，商業地域，工業地域，住宅地域，農業地域といったゾーンを定め，ゾーンごとに土地利用や建物の規制をかけていくのは政策の範囲内で行われるものである．この領域は，マーケットに頼れないし，技術のイノベーションにもなかなか頼れない．ここ最近注目されているデジタル技術を活用するスマートシティのように，政策の役割が非常に重要になる．

5.3.2　運輸部門

　人を運ぶ旅客運送，物を運ぶ貨物運送など，運輸部門の活動は私たちの暮らしに欠かせないものである．図 5.3 では日本の GHG 排出量のうち約 15% が運輸部門である．このうち，CO_2 排出量の内訳をみると，自動車が圧倒的多数を占めている．この内訳をさらに細かくみると，半分以上を自家用車が，

5　https://www.un.org/development/desa/pd/sites/www.un.org.development.desa.pd/files/undes_pd_2020_popfacts_urbanization_policies.pdf

残り半分を貨物車両（営業用，自家用）がほぼ占めており，バスやタクシーは少数にとどまる．つまり，運輸部門の対策を考える場合は，これらの乗用車と貨物車について検討するのが基本となる．

なお，航空と海運は若干事情が複雑である．実は国際航空と国際海運は，パリ協定での削減対象になっていない．どの国のものでもないと解釈されているためである．国際的な排出については，国際民間航空機関（ICAO: International Civil Aviation Organization）や国際海事機関（IMO: International Maritime Organization）で対策の検討が進められており，ICAO は 2050 年に CO_2 排出量正味ゼロを，IMO は 2050 年頃に GHG 排出量正味ゼロを目指している．

自動車（陸運）

自動車から排出される CO_2 を削減する際，ひとつ考えられるのが，車の数そのものを減らすことである．都市部では公共交通機関や徒歩・自転車へのシフト（モーダルシフト）は考えられるが，日本でも他国でも郊外に行けば公共交通が整備されていない地域も多く，自動車は必須の移動手段だと言える．

そうすると，自動車の仕組みそのものを見直さなければならない．現在のところ，自動車の燃料は化石燃料が主で，中東などの産油国から原油を掘り，ガソリンやディーゼル（軽油）へと精製し，燃料として利用している．この仕組みを変える必要がある．

具体的な技術として，最近大きな話題となっているのが電気自動車を含む電動車である．電動車の定義は広い．バッテリーに電気を貯めてモーターで駆動する電気自動車（BEV: Battery Electric Vehicle）が話題になることが多いが，それ以外にも種類はある．トヨタのプリウスやアクアに代表されるハイブリッド車（HEV: Hybrid Electric Vehicle）は，ガソリンエンジン（もしくはディーゼルエンジン）とモーターを組み合わせた自動車であるが，日本では電動車というカテゴリーに分類される．そのほか，プラグインハイブリッド車（PHEV）も，ハイブリッド車と同様にガソリン（もしくはディーゼル）と電気を燃料とするが，ハイブリッドとの違いは，給油口以外に充電

のための差し込みプラグが搭載されている点である.

　近年では燃料電池車（FCV: Fuel-Cell Vehicle）も注目されている. 燃料電池車には, 水素を燃料とする燃料電池（fuel cell）が搭載されており, 燃料電池で発電した電気でモーターを動かしている. その他の電気自動車で主流であるリチウムイオン電池と比べ, 燃料電池の燃料である水素はボンベを増やすことで容易に航続距離を増やせるため, 大型トラックやバスといった重量物を運ぶ用途でとくに有望視されている.

　いずれのタイプにおいても, モーターが搭載されている点がポイントである. つまり, 電動車の普及が進むことで, ガソリンやディーゼルで動くエンジンがモーターへと置き換わっていくのだ. 中でも, 今後世界的に大きな成長が見込まれているのが, （ガソリンなどを使わず電気だけで走る）電気自動車（BEV）である. 現在, 欧米や中国を筆頭に, 日本メーカーも含めて世界で開発競争が繰り広げられ, 導入政策が進められている.

船舶（海運）・航空（空運）

　自動車（陸運）以外の分野でもさまざまな対策が検討されている. 海運では, まず挙げられるのが, 船舶の燃料を従来の重油などから液化天然ガス（LNG: Liquefied Natural Gas）へと転換することである. 本章の冒頭で述べたように, 天然ガスの方が石油に比べて単位エネルギー量あたりのCO_2排出量が少ないからである. そのほかにも, 将来的にはバイオマス由来のバイオメタンや水素, アンモニアを利用した燃料への転換も考えられ, 現在さまざまな技術開発が進んでいる状況である.

　燃料の転換は航空分野でも同様で, SAF の開発が進められている. この燃料にもいくつかの種類があり, バイオ燃料や水素燃料, CO_2と水素を原料とする合成燃料（e-fuel）などがある. なお, バッテリーを導入した船舶と航空機の開発も検討されている.

　モーダルシフトも, とくに航空では重要である. たとえば, （現状では化石燃料に依存している）航空から鉄道に移動手段を変えると, 大幅な GHG 排出削減につながる.

テレワーク

運輸部門における CO_2 の排出削減を考える際，そもそも移動しないという選択肢もある．基本的に，人間は移動したくて移動しているわけではなく，誰かと話したい，時間を共有したい，といった目的があるからこそ移動する．

コロナ禍で社会や経済を大きく変えたものとして，テレワークが挙げられる．テレワークが普及したことで，オンラインのみで完結する仕事が増え，たとえば筆者たちが属する研究の場でもオンライン会議はごく当たり前に行われるようになった．

テレワークが普及すると，移動の需要あるいは移動しなければならない必要性が減る．そうすると，自動車の走行距離は減り，飛行機などが運行する機会も減っていく．その結果，CO_2 の排出も削減できるのである（ただし，削減量は以前の移動手段がどれほど CO_2 を排出していたかなど条件次第であることに注意されたい）．余談ではあるが，本書でたびたび取り上げてきた IPCC の総会は，通常であれば世界中から政策担当者や専門家を飛行機で呼び寄せて開催するものであったが，第 6 次評価報告書の WG I，WG II，WG III の報告書が採択された会議はすべてオンラインで開催された．

その他にも，Facebook で知られるメタプラットフォームズ社のグループ会社が開発した VR ゴーグル Oculus VR や，近年注目されているメタバースの拡大など，デジタル世界を広げる技術革新が今後ますます進むことで，従来の移動への需要がさらに減少していく可能性もある．

5.3.3 産業部門

ここまで解説した民生部門と運輸部門は，部分的かもしれないが今後の方向性がみえている分野だと言える．一方，脱炭素が難しいとされる排出削減困難部門が存在する．その最たる例が，この項で解説する産業部門である．技術的にまったく不可能ではないものの，他部門に比べると格段に排出削減の難易度が上がる．

広義の意味での産業とは小売業やサービス業といった分野も含まれるが，基本的にこの項における産業部門とは，鉄鋼・セメント・化学製品といった重厚長大型産業である製造業，とくに素材産業を指す．

これらの産業に共通するのは，製造過程などにおいて大量かつ高温のエネルギーが必要とされ，電化のみで対応するのは難しい面がある．さらに，エネルギーだけではない問題もある．たとえば化学製品における代表的な生産物はプラスチック製品である．そのプラスチック製品がゴミとして焼却炉で燃やされると，大気中に CO_2 が排出されてしまう．

鉄鋼業

　産業部門で最も多くの CO_2 を排出しているのは鉄鋼業である．

　鉄鋼業は，自動車等の製造に必要な素材である鋼鉄の生産など，多くの産業にとって重要なものだと言える．現在主流となっている製造方法である高炉・転炉法は，鉄分が多く含まれている鉄鉱石から酸素を取り除く方法である．粉砕した鉄鉱石を，石炭由来のコークスと石灰石とともに，1000℃以上の高温で焼き，さらに約 1500℃ の高炉へ投入する方法である．その反応の中で，鉄鉱石に含まれている酸素は還元反応で取り除かれ，コークスの炭素分と結びついて CO_2 となり大気中へと排出される．（なお還元過程で排出される CO_2 はエネルギー起源の CO_2 ではなく，産業プロセス起源の CO_2 に分類される．）

　また，エネルギー消費量が非常に多い点も問題である．日本の鉄鋼業では高炉炉頂圧発電（TRT: Top pressure Recovery Turbine，高炉のガス圧力を電力として回収する技術）などさまざまな省エネルギー技術が鉄鋼業においても利用されており，日本は世界のトップランナーである．しかし，省エネルギー技術は消費するエネルギーの削減に寄与するものの，排出量を完全にゼロにする技術ではない点には注意したい．つまり，省エネルギーだけで対策するのは限界があり，排出量の正味ゼロを目指すのであれば，根本的な製造方法の変更が必要になる．

　1つの対策として CCS があり，製鉄においては，アミン（アンモニアの1つか複数の水素原子を炭化水素基等で置換した化合物の総称）の水溶液を使って CO_2 を回収する化学吸収法が1つの方法である．

　もう1つの例は，鉄鉱石に含まれる酸素を取り除く化学物質（還元剤）として，炭素ではなく水素を使う方法がある．これは水素還元製鉄と呼ばれる

技術で，現在のところコストが非常に高いことが難点ではあるが，この製鉄方法では CO_2 が発生しないため，世界中で研究開発が進められている（5.2.4 項参照）．

　これらの方法は，鉄鉱石から鉄を作る場合に使う方法であるが，鉄鉱石以外から鉄を作る方法も存在する．私たちの暮らしにも身近なスチール缶のリサイクルのように，鉄スクラップを高温で熱してドロドロに溶かし，再度鉄として蘇らせることもできる．この場合は，電気炉（電炉）が使われる．電圧をかけて鉄スクラップと電極との間にアークを発生させ，そのアーク熱で鉄スクラップを溶かす仕組みである．この方法は電気を使うため，たとえば再生可能エネルギーや原子力で発電した電気を使うなら CO_2 は発生しない．

　かつて日本の鉄鋼業は世界最大の生産量を誇っていた時期もあった．現在は，中国とインドが台頭し，とくに中国は世界シェアの約半分を占めている．その意味では，日本の鉄鋼業が CO_2 の排出削減に積極的に取り組む必要があると同時に，中国やインドをはじめ，そのほかの鉄鋼業が盛んな国々も足並みをそろえて取り組むことが重要である．

セメント製造

　建物や道路，ダムなど，私たちは暮らしのさまざまな場所において，コンクリートでできた構造物を目にするであろう．そして，そのコンクリートの主要な材料といえば，セメントである．セメントは，石灰石や粘土などの材料を細かく砕いて，高温で焼成して作る．主要な材料である石灰石（主成分は炭酸カルシウム，$CaCO_3$）には炭素分が含まれており，セメントを作る際の化学反応で炭素分を取り除くため，CO_2 が排出される．また，材料を焼成する際，ロータリーキルンという炉の中で1000℃以上の高温で熱するため，大量のエネルギーを消費する．鉄鋼業と同じく，日本のセメント製造業は省エネルギー技術について努力を重ねてはいるものの，根本的な見直しが必要になる．

　この問題の対応策として，さまざまな技術が開発されている．たとえば，鉄鋼製造の過程で生じる高炉スラグと呼ばれる物質を粉末状にし，セメントの材料として混合すれば，焼成時の CO_2 排出を削減できる．

また，セメント自体はアルカリ性で，セメントが主原料であるコンクリートは，放っておけばCO_2を吸収してくれる物質でもある．この点に着目して，CO_2を大量に吸収して固定する特殊なコンクリート材が，鹿島建設や中国電力ら数社によって共同開発されてきている．他にも，製造プロセスで排出されるCO_2の対策として，前述したCO_2回収・貯留（CCS）の装置を取り付ける対策も有効である．ただ，いずれの対策についてもコスト面の改善がポイントになる．

化学製品

　化学製品は現代生活の隅々まで利用されている．私たちが朝起きて部屋の電気を点灯する際，おそらく手で触れたスイッチは化石燃料由来のプラスチック製であろうし，着ている服に石油由来のポリエステルが含まれていることも多いだろう．そのほかにも，スマートフォンのケース，車の部品の素材など，私たちは暮らしのあらゆる場面で化学製品に触れている．ほかにも，ドライクリーニングに使用する溶剤は石油などから作られており，化学肥料の原料となるアンモニアを製造する際には水素が使われるが，現状では化石燃料由来の水素を使い高温高圧化で大量のエネルギーを消費して作られている．

　これらの化学製品の製造は，現時点では化石燃料に基づいている．たとえば，プラスチックの製造にあたっては，原油からナフサや軽油などを精製し，それをさらにエチレンやベンゼンなどに分解（分留）する．これらのプロセス自身が高温で大量のエネルギーを消費する．また，石油つまり化石燃料に起因する製品であるため，ゴミとして焼却される際に，CO_2が排出される問題もある．したがって，化学産業の緩和策としては，根本的に原料を化石燃料以外に変更し，また製造過程の化学反応で必要とされるエネルギーもクリーンにしていくことが必要となる．

　その際，LCA を考えることがきわめて重要である．化学製品の原料（すなわち原油）から，製品として寿命を終えて，リサイクルされるか廃棄されるところまで，また，その廃棄の方法も，燃やすのか埋め立てるのかといったように，全体の工程を丁寧にみて対策を検討する必要がある．

ここからは，化学製品の具体的な対策について解説する．石油化学製品について言えば，その製造には炭素と水素が必須である．石油系の原料に頼らずとも，水素は水の電気分解などの方法でも作ることができるが，炭素をどこから確保するのかが問題になる．そこで，炭素については可能な限り何度もリサイクルを繰り返したりして循環させる取り組み等が始まっている．このように，ある製品を循環させて廃棄物を最小化する取り組み等をサーキュラーエコノミー，あるいは循環経済と呼ぶ．たとえば，でき上がったプラスチック製品を何度もリサイクルすることで，新たな炭素分を発生させないという発想である．

　また，炭素分の確保について，バイオマスを活用する方法もある．再生可能エネルギーの項で触れたように，バイオマスには炭素分が含まれている．バイオマスを化学変化させることで，バイオプラスチックを生成する方法なども存在する．

　そのほかにも，大気中に存在する CO_2 を化学的に回収して化学製品の製造に利用する方法もある．もちろん，分離回収や生成に必要となるエネルギーについても，再生可能エネルギーなどの脱炭素化された発電方法へと変えたり，なるべく省エネルギー化したりすることも併せて必要になる．

5.3.4　農業・林業・その他土地利用部門

　この章の冒頭で，世界全体の GHG の構成比率を示した．日本だけの構成比率をみると少ない割合ではあるが，世界全体でみると，農業・林業・その他土地利用部門（AFOLU: Agriculture, Forestry and Other Land Use）の排出量は多い（2019 年のデータで 22%）．農業や林業だけでなく森林伐採なども含まれる．図 5.12 は，世界の農業・林業・その他土地利用部門の GHG 排出量を分解したグラフである．土地利用，土地利用変化および林業（LULUCF: Land Use, Land Use Change and Forestry），すなわち森林伐採などによって排出された CO_2 が多いことがわかる．

　次に多いのが，反すう動物の胃腸内で起こる発酵（enteric fermentation, 消化管内発酵）によるものである．牛や羊に代表される反すう動物は，消化管で食物を分解する際に体内の微生物が作用して，メタン（CH_4）ガスを発

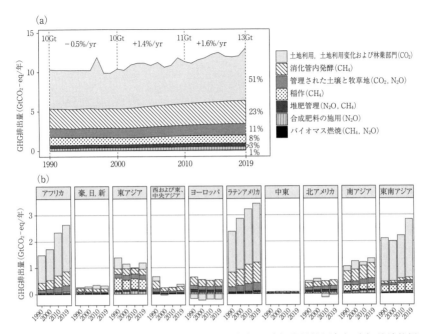

図 5.12　GHG の排出と除去における AFOLU の変化の（a）世界的傾向と（b）地域的傾向（IPCC, 2022b, Figure 7.3. を改変）

生させる．そして，この CH_4 ガスは牛がげっぷをする際に大気中へと放出される．

　また，牛が食べるトウモロコシなどの飼料を育てる際に，化学肥料を撒くことで発生する一酸化二窒素（N_2O）などの GHG もある．他にも日本人の主食である米を育てるときにも，水田に生息する細菌の活動によって CH_4 ガスが発生する．つまり，稲作中心の日本においても，農業によって排出される GHG は少ないながらも存在するのである．

　この図において，下半分に記載されている地域別のデータを見ると，LULUCF による排出量が，アフリカ，ラテンアメリカ，東南アジアで多いことは一目瞭然である．これらの地域では，今もなお森林伐採がいたるところで行われている点が大きな原因である．

　なお，森林以外にも世界では湿地帯の破壊が進行している点にも目を向けるべきである．泥炭が含まれる湿地帯は大量の炭素分を含んでいるため，こ

れを保全することは重要な対策である．また，破壊された湿地を再生させる取り組みも同様に重要である．

話を部門全体の対策へと戻す．これら部門における対策は，農業と林業という生産側の対策と，需要側（消費者側）の対策に分けられる．

農業については，牛のげっぷに含まれる CH_4 を減らす飼料の開発や，水田から出る CH_4 を抑える稲の栽培方法などが開発されている他，不耕起栽培（no-till farming）と呼ばれる土壌を耕さない栽培で，土壌に含まれる炭素分を積極的に増やす方法がある．これらの方法以外にも，木炭や竹炭といったバイオマスを不完全燃焼させた炭化物，バイオ炭（バイオチャー，biochar）の適量使用は，作物の生育面でプラスに働くのに加え，結果的に土地の中にある炭素分が増えるため，炭素を吸収する技術であると言える．

最後に，需要側の対策，つまり私たちが暮らしの中でできる取り組みについて解説する．たとえば，GHG 排出量が多い牛肉の食べる量を減らすことも 1 つの有効な緩和策である．減らし方には (1) 牛肉から他の肉（鶏肉など）や魚，代替品（大豆肉や培養肉など）に変える，(2) 菜食主義者などになる，などがある．

たとえば消費する牛肉の一部を豚肉や鶏肉などに置き換えることは比較的容易に実施できるだろう．豆類などの植物性のタンパク質へと置き換えたり，魚に切り替えるのも有効である（図 5.13）．実は，アメリカやオーストラリアなど一部の先進国では，食べる肉の種類が牛肉から他の肉類へと置き換わる現象が起きている．

結局のところ，人間は食べずに生きてはいけない．仮に全地球およそ 80 億人の人々，あるいは先進国に生きる数億人単位の人々が牛肉や羊肉などを食べるとすると，その量は膨大なものとなるし，生産に際して排出される GHG の量も増加する．たとえば，この消費を最近続々と開発されている大豆ミートなどの代替肉に置き換えると，カロリーや脂質を減らせる健康的なメリットがあるだけではなく，GHG の削減という地球の健康にも効果がある．ベジタリアンやヴィーガンのような食生活を選択する人が脚光を浴びているのも，最近の流れである．余談だが，ペスカタリアンという，肉を食べないが魚は食べる菜食主義者もいる．

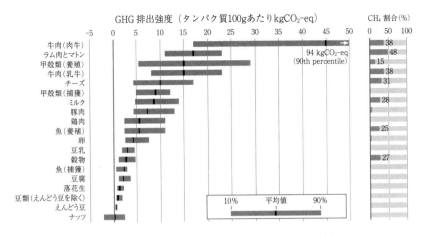

図 5.13　メタ分析に基づくタンパク質が豊富な食品の種類別 GHG 排出量（IPCC, 2022b, Figure 12.6）

　食生活は，文化や宗教と密接に関わっている．イスラム教で豚肉を食べない人もいれば，牛肉のすき焼きで大晦日や新年をお祝いする日本人もいる．全世界で牛肉から他の肉類へ置き換えようと呼びかけても，なかなか難しい．他方で，食生活が豊かな先進国では，摂取カロリー量が過多である人が多くいるため，健康面も考慮して牛肉等の摂取量を減らしたり，一部を代替的なタンパク源に置き換えたり，といった方法は難しいことではないだろう．食料システムから温暖化対策を考える際は，これらのポイントが重要となる．

5.4　CO₂ 以外の GHG 対策

　本章の最初で世界の GHG 排出量を示したが，世界での GHG の排出のうち，CO_2 は約 4 分の 3 であり，残りは CH_4 や N_2O，フロン類などの CO_2 以外の GHG になる．CH_4 や N_2O 対策については上述したが，ここではフロン類の対策の例を示す．

　フロン類は燃えることもなく化学的に安定しており，毒性も小さく便利な化学製品としてエアコンや冷蔵庫などの冷媒などに活用されてきたが，単位質量あたりの温室効果（GWP）が CO_2 より非常に大きい．種類によるが，

数百倍から数万倍に達する．対策としては，技術開発によってフロン類から自然冷媒（CO_2 や NH_3 などの自然に存在する化学物質）に変更する，フロン類を利用する製品の廃棄の際に回収しフロン類を破壊することなどが挙げられる．グリーン冷媒を使った製品はすでに製品化されており，たとえば日本で流通しているヒートポンプ給湯器エコキュートは CO_2 が冷媒として使われている．地球温暖化が進む中，発展途上国などを中心にエアコンの需要は大幅に拡大することが想定され，こうした対策が求められる．

5.5 CO_2 除去

　先ほど農業・林業・土地利用に関する 5.3.4 項で，森林破壊について取り上げた．そもそも植物は光合成をして成長するため，その体の中に大気中の CO_2 を取り込んでいる．植物が腐敗したり，森林火災などで燃えたりすれば，取り込んだ CO_2 は大気中へと戻っていくが，一方で若い森林が大きく育つときは，樹木の中に含まれる炭素分が増えていく．

　植林のように大気から CO_2 を取り去る方法を，総称として CO_2 除去（CDR: Carbon Dioxide Removal），あるいは負の排出技術（ネガティブエミッション技術）と呼ぶ．この技術は，急速な勢いで世界的に関心が高まっている分野である．

　多様に存在する CDR の方法（図 5.14）について，最もわかりやすい方法は植林である．植林には新規植林（afforestation）と再植林（reforestation）の 2 通りの方法があり，前者はもともと森林ではなかった場所へ新たに植林すること，後者はもともと森林だったが伐採された場所へ再び植林をすることである．また，先ほど触れた泥炭が含まれた湿地帯の再生などもある．森林などを育てる際に人の手を加えて，炭素分が土地や樹木の中により多く含まれるように管理することも 1 つの方法である．前述した不耕起栽培もこの一種である．

　なお，森林破壊を食い止めること（もともとある森林を維持すること）は，排出される CO_2 を止めることにはなるものの，大気中から CO_2 を吸収したことにはならない．今まで樹木がなかった場所に植林をしたり，木を大きく

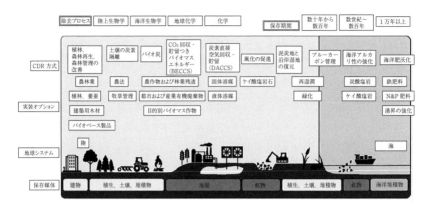

図 5.14 さまざまな CO_2 除去（CDR）のオプション（IPCC, 2022b, Cross-Chapter Box 8, Figure 1）

成長させたりすることで，大気中から CO_2 を吸収できる．この違いには注意が必要である．

　CDR の方法には，CO_2 回収・貯留つきバイオマスエネルギー（ベックス，BECCS: Bioenergy with Carbon Capture and Storage）と呼ばれる技術がある．前述した CO_2 回収・貯留（CCS）とバイオマスを組み合わせたものである．バイオエタノールの製造にはお酒を作るときと同じく原料を発酵させるため，高濃度の CO_2 が排出されるのでこれを回収する．もしくはバイオマス火力発電所に CO_2 回収装置を設置する．こうして回収した CO_2 を地下へ埋設するのが BECCS である．

　他にもさまざまな技術があり，空気中の CO_2 を化学工学的に直接回収する技術を炭素直接空気回収・貯留（ダックス，DACCS: Direct Air Carbon Capture and Storage）と呼ぶ．空気から CO_2 を回収する技術は，特定の環境下で以前から使われてきた．たとえば，宇宙船や潜水艦のような閉鎖空間で人間が長期間活動すると，人間の呼吸により空間内の CO_2 濃度はどんどん上昇してしまうので回収装置が使われてきた．こうした技術をより安価に，より大規模に実現しようと昨今挑戦が続いている．

　その他にも，風化促進という方法も存在する．たとえば川の上流から下流へと流れるにつれて，岩石が細かく砕けていく中で，砕かれた岩石が大気中

の CO_2 と反応して吸収する現象が起こる．本来は地質学的時間規模で起きるこの現象を人工的に早めるのがこの方法である．ケイ酸塩岩を砕いて農地などにまく実証実験が世界で進められている．

　海草類やマングローブなどの海洋生態系を育て，CO_2 を吸収させる方法も注目されている．このように海洋生態系に隔離・貯留される炭素のことをブルーカーボンと呼ぶ．海洋における微量栄養素である鉄などを海にまき，海藻類の光合成を促す取り組みも行われている．ただ，海洋での炭素吸収は計測が難しいことが問題である．

　その他，海のアルカリ度を高める方法もある．CO_2 は水に溶けると弱酸性であるため，海のアルカリ度が強まると，CO_2 をより多く吸収するようになる．岩石を砕いて散布する方法や電気化学的手法が検討されている．

　ここまで，さまざまな CDR の技術を列挙した．これらの特徴やメカニズムはそれぞれ異なるが，注目すべき点は貯留期間である．

　植林の取り組みを例に挙げると，昨今大規模な山火事が増えており，その原因（の一部）は気候変動にあると考えられている．ひとたび山火事が発生して，森林が燃えてしまうと，樹木が貯留していた CO_2 が再び大気中へと排出されてしまう．2023 年にはカナダで大規模な森林火災が発生し，隣接するアメリカにも影響を及ぼした．この他にも世界各地で大規模な森林火災が発生しており，次にいつどこで発生するかわからない状況である．そうなると，植林をして大気中の CO_2 を吸収しても，そのままずっととどまり続ける保証はない．実際に IPCC でも，植林による CO_2 の貯留期間はおおよそ 10 年から 100 年単位だと考えられている．

　長期的な貯留技術としては，前述した BECCS や DACCS で，回収した CO_2 を地中に処分する方法がある．地中に井戸を掘り，圧力をかけて CO_2 を圧入するのである．この方法でも，微量な CO_2 は漏れ出してしまう可能性はあるが，千年もしくは 1 万年単位で貯留できると言われている．

　技術によって特性は違うものの，これらの技術において注意すべきなのは，自然に根ざしたものでも課題があるという点である．植林は前述のように貯留期間の問題がある．ブルーカーボンについても，育てたマングローブなどが台風や津波などで失われるリスクを考えると，長期的な貯留が可能とは言

表 5.1　いくつかの CDR の特徴のまとめ

コストとポテンシャルは括弧内が文献による幅，括弧の外が IPCC の著者陣による判断（IPCC, 2022b, Table 12.6 からの抜粋）

CO$_2$ 除去のオプション	技術成熟度（9 段階評価，1= 原理の確認，9= 実用）	コスト（USD/tCO$_2$）	ポテンシャル（GtCO$_2$/ 年）	リスクとインパクト
DACCS（炭素直接空気回収・貯留）	6	100-300（84-386）	5-40	エネルギー・水の利用量の増加
BECCS（CCS つきバイオマスエネルギー）	5-6	15-400	0.5-11	バイオマス資源生産のための陸や水資源の競争生態系影響
（大規模）植林	8-9	0-240	0.5-10	森林火災などによって炭素が戻ってしまう恐れ等
風化促進	3-4	50-200（24-578）	2-4 (<-1-95)	採掘時の影響，散布時の大気汚染

えない．もちろん，植林やブルーカーボン自体は必要な取り組みではあり，生態系を保全する取り組みとして大事である．しかし，長期的な温暖化対策としてみると効果が弱いのである．

　多数存在する CDR のオプションについて，代表的なものを取り上げて整理すると，上の表の通りとなる（表 5.1）．表のポテンシャルとは，どれだけ CO$_2$ を吸収できるかを数値化したものである．

5.6　緩和策の総合評価

　この章では，さまざまな緩和策について解説してきた．非常に多様な種類が存在するため，どのように比較したらいいか途方に暮れてしまうかもしれない．そこでまずコストとポテンシャル（潜在的排出削減可能量）について着目すると，個々の技術の役割がわかり便利である．これは経済学やシステム工学などの学問領域の考え方で，ある緩和策がどれだけ CO$_2$ の排出量を減らすか，あるいは大気中からどの程度 CO$_2$ を吸収できるのか，そして，どの程度のコストで実行できるのか示す枠組みである．なお，ポテンシャルには物理的な究極的なポテンシャルから，経済性を考慮したもの，また技術の社会的受容性を考慮したものなど，幅があるので注意が必要である．ここでは経済性を考慮したものに絞る．

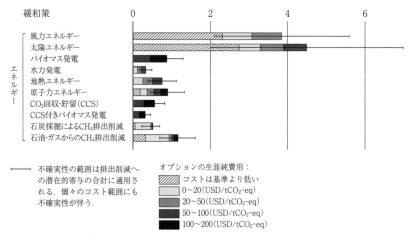

正味排出削減への潜在的貢献（GtCO$_2$-eq/年）

緩和策

- 風力エネルギー
- 太陽エネルギー
- バイオマス発電
- 水力発電
- 地熱エネルギー
- 原子力エネルギー
- CO$_2$回収・貯留（CCS）
- CCS付きバイオマス発電
- 石炭採掘によるCH$_4$排出削減
- 石油・ガスからのCH$_4$排出削減

（エネルギー）

━━━ 不確実性の範囲は排出削減への潜在的寄与の合計に適用される．個々のコスト範囲にも不確実性が伴う．

オプションの生涯純費用：
- コストは基準より低い
- 0〜20（USD/tCO$_2$-eq）
- 20〜50（USD/tCO$_2$-eq）
- 50〜100（USD/tCO$_2$-eq）
- 100〜200（USD/tCO$_2$-eq）

図5.15 2030年までの緩和策のコストとポテンシャルのまとめ
　ここではエネルギーに限って示している．世界全体の値であり，日本や各国の場合違う数値になることに注意されたい．（IPCC, 2022a, Figure SPM.7 の一部）

　IPCCによるまとめを図5.15に示す．風力発電に注目すると，風力発電に適した場所の面積，得られる風力などを丁寧に計算して，それらを足し合わせる作業を行う．その作業と並行して，風車の建設，送電線の敷設などにコストがいくらかかるのか，そういった計算を積み上げていく．その結果，いくら払えばどれぐらいGHGを減らせるか，つまり排出削減のコストとポテンシャルの試算ができることになる．

　この図で示されているのは2030年時点の世界全体の合計である．本来コストやポテンシャルは，国や場所によって違いが生じ，また将来の技術のコストは現在とも違う．さまざまな仮定を置かざるを得ないが，現時点のさまざまな学問分野を総合して計算したのがこの図である．太陽光と風力を例にすると，2030年で太陽光や風力の発電コストは化石燃料よりも安くなり，しかも，いずれも約2GtCO$_2$-eqを減らせると試算されている．

　こうした共通のメトリック・指標を使うことで，ここまでで議論してきたさまざまな技術が比較でき，優先順位について検討できる．各国の政策の重点事項や，企業が深掘りすべき分野が判断できるようになる．

ただし，実際に経済学的にみたとき排出削減にどのようなオプションが用いられるかを検討するには，もう一段階踏み込んだ計算が必要で，これは3章で議論している統合評価モデル（IAM，3.2.2項，コラム3.3参照）というソフトウェアを利用して計算する．この統合評価モデルに，すべての緩和オプションが完全に網羅されているわけではないが，一通り揃った内容がモデルの中で表現されている．この統合評価モデルを使うことによって，日本や世界が2050年までにCO$_2$をはじめとしたGHGを減らしていくにはどういう道筋があるのか，たとえば，2030年までに太陽光発電を何ギガワット分導入する必要があるのか，産業部門は水素還元製鉄を何年までに実用化して導入する必要があるのか，CCSやCDRはどれぐらい必要か，そういった具体的な内容も含めて議論できるようになる．

　コストとポテンシャルについては，技術が時間的に変化することに注意が必要である．現時点で非常に多くのポテンシャルを持つと考えられている太陽光発電と風力発電であるが，5.2.1項で述べたように，そのコストは電気自動車用バッテリーと並んで近年大幅にコストが減少してきた（図5.16）．地域ごとの違いはあるが世界的にみたとき，2010年から2019年にかけて，太陽光発電は85％，風力発電は55％，リチウムイオン電池は85％コストが低下し，導入量も太陽光で10倍以上，電気自動車で100倍以上伸びた．10年前までは太陽光発電と風力発電の可能性はここまで大きいと思われていなかった．技術進歩（イノベーション）は不確実性が大きいため，図5.15のコストとポテンシャルについては（上に振れる可能性も下に振れる可能性もどちらも含めて）不確実性が大きいことを認識すべきである．

　加えて，さまざまな学問の視点が必要なことにも注意が必要である．経済的なコストと技術的な排出削減・吸収ポテンシャルは経済学や工学に基づいたものであり，統合評価モデルも第一義的には技術的なポテンシャルを踏まえて経済的な道筋を評価する計算を行う．しかし，現実社会では技術経済性のみに基づいて対策が導入されるわけでもないし，されるべきでもない．たとえば，原子力発電はCO$_2$を発生させない点で，潜在的には有望な技術だが，発電所を新設あるいは稼働させようとしても地元住民の同意が得られなければ，発電自体が不可能になる．地元住民の同意という意味では，大規模な再

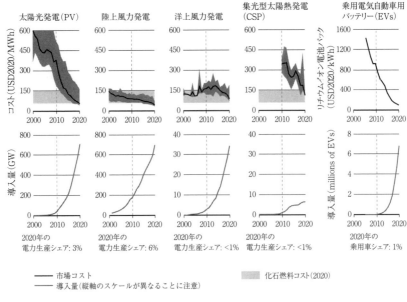

図 5.16　主要な技術のコストの変化（IPCC, 2022a, Figure SPM. 3 に基づく）

生可能エネルギー発電も問題が出てきている．いかに速いスピードで成長し CO_2 を大気から吸収するとしたとしても，ユーカリといった外来単一種の植林では生態系破壊を起こしかねない．緩和策の検討のためには，技術経済性以外の側面の検討も必須なのである．

　本章では緩和策を広範囲にわたって解説してきた．化石燃料より安価で便利な技術も少しずつ出てきているが，この章の冒頭で示したエネルギーのサンキーダイアグラム（図 5.5）をみてもわかる通り，現代社会では化石燃料が大量に使われている．この理由は，やはり現状では化石燃料が安定していて，便利で，価格が安いからである．太陽光発電や風力発電は，価格は減少傾向ではあるが，気候や設置場所の影響を大きく受けてしまう変動性がある．つまり，何もせずに太陽光や風力の利用が進んでいくわけではなく，国内においても世界においても，政策的な支援が重要になる．続く 6 章では緩和策を社会で導入するにはどのような政策が必要かを取り上げる．

コラム 5.2　エネルギー安全保障と温暖化対策　　　杉山昌広・瀬川浩司

　2022 年 2 月，ロシアがウクライナ侵攻を開始し，世界中に衝撃が走った．21 世紀に国家間の大規模な軍事衝突が起こるとは，にわかには信じがたいことであったが，現実にそれは発生してしまい，本稿執筆中でも衝突が続いている．

　この軍事衝突は，地政学的な安全保障の問題を提起しただけでなく，もう 1 つのエネルギー安全保障という問題も浮き彫りにした．

　エネルギー安全保障にはさまざまな定義があるが，資源エネルギー庁では国民生活，経済・社会活動，国防等に必要な量のエネルギーを，受容可能な価格で確保できることと定義している．

　ヨーロッパ諸国は，天然ガスなどの石油資源を，ロシアからの輸入に大きく依存してきた．それはエネルギー面で依存していただけではなく，資源を購入した資金がロシアへ流れていたことも意味する．つまり，軍事衝突後も以前の依存関係を保つならば，ウクライナ侵攻にかかる軍事費用を，ヨーロッパが払ってしまっている構図になる．そこで，ヨーロッパ諸国はロシアからの資源の輸入量を急激に減らす措置を取ることになった．

　化石燃料も，電力と同様に長期にわたって貯蔵しておくことが難しいものである．1973 年の石油ショックを受けて国際エネルギー機関（IEA: International Energy Agency）が設立されたが，参加国には輸入量の 90 日分以上の石油備蓄の確保が義務付けられており，日本では（国家備蓄・民間備蓄を合わせて）200 日を超える分に相当する備蓄がある．とはいえ，エネルギーは日々社会の隅々で使われるものであり，確保し続ける必要がある．

　エネルギー安全保障のためには具体的にどのような対策をとればよいのか．その方法はさまざまだが，まずエネルギーの供給源（調達先）を多様化し，分散化することである．たとえば，日本は原油を主に中東からの供給に頼っているが，天然ガスはオーストラリアや東南アジア（マレーシア，インドネシアなど）やロシアなどから輸入しており，原子力発電に使用するウラン鉱石の供給源はカナダやオーストラリアなどである．一部の国や地域に依存するのではなく，調達先を多様化すること，また使うエネルギー自体を多様化することが有用である．

　また，再生可能エネルギーの導入も有効である．再生可能エネルギーは，

基本的にいったん発電設備を導入してしまえば，国産エネルギーだと考えることができる．太陽光パネルや風車は，現在日本ではほとんどを海外の技術に依存しているが，一度導入してしまえば発電に際して海外から輸入を必要としない．

エネルギー安全保障といえば供給側を想像するが，需要側対策もきわめて重要である．生活する人々が求めるのはエネルギーサービスであって，エネルギーそのものではない．つまり，電気で動くスマートフォンやパソコンを使いたいわけであって，電気そのものを買いたいわけではないのである．この点については，機器の効率を上げたり，不要なものは使わなくしたりすることで，短期的な省エネルギーを図ることが1つの方法である．日本でも省エネルギー法（エネルギーの使用の合理化等に関する法律）が石油ショックを受けて1979年に制定された．

再生可能エネルギーの導入もさまざまな課題はあるが，原子力発電も，省エネルギーの推進も，この章で取り扱った温暖化対策は，エネルギー安全保障とも同じ方向性を向いている．つまり，温暖化対策を推進することは，エネルギー安全保障にも好影響を与えると考えられる．

コラム 5.3　SRM（太陽放射改変）　　　　　　　　　　　　　杉山昌広

本章ではCO_2や GHG の排出削減策や，大気からCO_2を回収するCO_2除去（CDR）について議論してきた．しかし気候変動へのリスク認識が深まり，また緩和策が進んでいるとはいえ気温が上昇し続け，適応策の限界も認識されつつある中，一部の科学者はより劇的な対応を考え始めている．直接人為的に気候システムに介入し気温を減少し，地球温暖化対策とするものである（図 A）．

3章でも述べたように，地球の気候は常に自然変動しており，たとえば大規模な火山噴火は上空大気（成層圏）に反射性の粒子状物質を注入し，地球の全体を冷やすことが知られている．この原理に則って人工的に粒子をまいて地球を冷やそうというのが，成層圏エアロゾル注入と呼ばれる手法である．太陽光を反射して気候システムを直接冷却する太陽放射改変（SRM: Solar Radiation Modification）の1種類である．

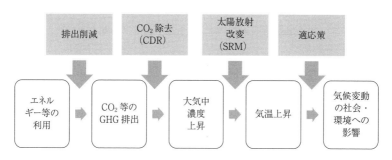

図A　気候変動対策における太陽放射改変（SRM）の位置づけ

　実際にこうした研究は3章で解説した気候モデル・地球システムモデルを用いてシミュレーション研究が行われている．今までの知見をまとめると，一定の冷却効果はあるがさまざまな副作用を伴うリスクがあることがわかっている．使い方次第であるが，GHG排出を削減しないで無理矢理太陽放射改変に頼って地球を冷やしていくと，SRMが何らかの理由で止まったときに急激に放射強制力が大きくなり，気温が上昇するという問題（終端問題）なども知られている．こうしたことから，SRMは緩和策の代替にはならず，補完的な対策だと考えられている．

　また，SRMにはより根本的な問題がある．もし仮にこうした技術ができたとして，超大国の間で地政学的に対立が深まる中で地球をどのように冷やせばいいか平和的な合意ができるのであろうか．もし仮にアメリカが技術を開発して，中国やロシアに無断で地球を冷却してしまったら何が起こるのだろう．

　SRMは現時点では実用的な技術ではないことに注意されたい．コンピューターシミレーションの中や研究所の計算結果の中に存在する，まだ想像の中の技術といってもいいかもしれない．ただ，人工知能や遺伝子改変といった最先端の技術と比べればローテクであるので，実施は可能であると考えられている．大事なのはこの技術をそもそも開発するのか，開発しないのか，開発するならどのような体制を考えながら開発するのかといったガバナンスの議論である．学会の倫理指針や各国の規制，また国際条約など幅広い側面からの取り組みが必要である．

　2009年の英国王立協会の報告書は，ジオエンジニアリングで最大の問題は，ガバナンス（統治）であると指摘した．本稿執筆時点（2023年）になってもその状況は変わらない．ガバナンスの議論は国際的に徐々に始まって

いる．日本も影響を受ける可能性があるので，積極的に関与していく必要性
がある．

5章　引用・参考文献

IPCC（2022a）Summary for Policymakers. In: *Climate Change 2022: Mitigation of Climate Change. Contribution of Working Group III to the Sixth Assessment Report of the Intergovernmental Panel on Climate Change* [Shukla, P.R. *et al*., eds.], Cambridge University Press, Cambridge and New York. doi: 10.1017/9781009157926.001

IPCC（2022b）*Climate Change 2022: Mitigation of Climate Change. Working Group III Contribution to the Sixth Assessment Report of the Intergovernmental Panel on Climate Change* [Shukla, P. R. *et al*. (eds.)], IPCC, Geneva. doi: 10.1017/978/009157926.015

Wiser, R. *et al*.（2021）Expert elicitation survey predicts 37% to 49% declines in wind energy costs by 2050. *Nature Energy*, **6**(5), 555–565. https://doi.org/10.1038/s41560-021-00810-z

エネルギー総合工学研究所（2021）図解でわかるカーボンニュートラル──脱炭素を実現するクリーンエネルギーシステム，技術評論社．

経済産業省資源エネルギー庁（2023）ZEH（ネット・ゼロ・エネルギー・ハウス）に関する情報公開について．https://www.enecho.meti.go.jp/category/saving_and_new/saving/general/housing/index03.html

国立環境研究所温室効果ガスインベントリオフィス編・環境省地球環境局総務課脱炭素社会移行推進室監修（2023）日本国温室効果ガスインベントリ報告書（2023年）．

太陽光発電のススメ（2010）太陽光発電の仕組み．http://www.solartech.jp/knowledge/mechanism.html（2023/12/14 閲覧）

6 気候変動緩和政策と持続可能な開発

6.1 なぜ政策が必要か

成田大樹

　気候変動緩和政策については，パリ協定などの国際条約や，また国内政策としての炭素税，固定価格買取制度のような再生可能エネルギー導入促進政策など，さまざまな政策が各国において導入されている．これらは主に化石燃料使用の削減を目的とするものであるが，このような規制の実施は企業や個人の生活に影響を及ぼす．たとえば，再生可能エネルギー導入拡大の過程で，必ずしも家計に余裕があるわけではない一般消費者が電気料金の増額を負担するといったものである．他方で，気候変動の緩和を目的として個々人や経済全体の活動を大幅に制限するということに関しては，奴隷制度や児童労働の禁止[1]のような明確な社会的なコンセンサスや規範はまだ世界的に存在しない．

　このような中，政策という形で人々の消費行為や企業の生産活動を特定の方向に誘導することの妥当性をどのように理屈づけることができるのだろうか．たとえば，環境保護が何よりも優先されるべき，といったような特定の価値基準を前提としない政策導入の論拠の1つとして，政策導入の社会的便益が社会的費用を上回るからという考え方を用いることが可能である．本節

1　この2つの問題のそれぞれについて，経済的な便益や損失を評価することは原理上は可能ではあるが，通常そのようなことが社会的に問われることはないことに注意されたい．ちなみに両方とも社会規範として確立したのは歴史的に比較的最近のことである．奴隷制度は少なくともアメリカにおいては19世紀の半ばまで合法であったし，日本において児童労働禁止の原則が確立したのは第2次世界大戦後のことである．

では，なぜ政策が必要なのかという問題について，経済学の概念を手掛かりとして用いつつみてみたい（以下の議論をより詳細に知りたい場合の参考書として伊藤，2017；栗山・馬奈木，2020がある）．倫理学的な環境正義・気候正義からの視点については 6.4.2 項および 6.4.3 項を参照されたい．

まず議論の出発点として，社会に存在する多くの財やサービスについては，市場メカニズムの働きにより，とくに政策介入なしに適切な資源配分が実現されていることを思い起こしてみたい．たとえば，生鮮食料品（トマトなど）のような通常の商品については，生産者と消費者の間で自由に価格決定がなされることで，生産者による供給と消費者の需要が調整され，双方にとっての利益の最大化をもたらす状況が自発的に創り出される．しかしながら，このような人々の間の市場取引を通じて気候変動問題が自発的に解決されるということはない．気候変動が社会問題となってしまう理由の最も根底にあるのは，温室効果ガス（GHG: Greenhouse Gas）の排出主体と被害者の間で「好ましい気候」を直接売買することができないという，「市場の不在」の問題があるからと言うことができる．これは言い換えると，気候や大気中のGHGについて，所有権の設定が困難であるということである．

では，なぜ「気候」や「大気中の GHG」について所有権を設定することが困難なのだろうか．その主要な要因としては，気候変動問題が持つ「外部性」という特質と，気候システムが「公共財」であるという性格が挙げられる．

「外部性（技術的外部性）」とは，ある個人や企業の生産や消費が市場を介さずに他者の利益や費用に影響を与えることを言う．気候変動問題においては，GHG の排出主体が引き起こす気候変動に関して，その被害者に直接対価を支払う仕組みが存在しないので，負の外部性（外部不経済）があると考えることができる．なお，外部性を有する環境問題の解決には公共政策が常に必要になるのかというとそういうわけではない．たとえば公害調停のように，地域の特定の環境問題について規制当局の関与なしに当事者間の交渉によって問題を解決する方法は存在する．しかしながら気候変動に関しては，現在および将来に地球上に存在するあらゆる人々が当事者となる問題であり，司法的手段を用いて当事者間での直接交渉や取引を実現することは不可能で

ある.

　また，気候システムは「公共財」としての性格を有している．経済学上の意味での「公共財」とは，同時に複数人によりそのものの使用がなされることが可能であり（非競合性），また他者による使用を排除することができない（非排除性）という性質を有するもののことを言う．ある経済主体がGHGの排出を削減して気候変動が緩和すれば，全世界の人々がその恩恵を同時に享受でき，他方で特定の人々をそのような恩恵の享受から排除するということは不可能であるので，気候システムは公共財としての性質を有すると言える．気候変動対策については，この気候システムの公共財としての性格により，環境対策に熱心ではない人々も他者による排出削減の便益も享受できてしまうという，フリーライディングの問題が生じてくる可能性がある．

　外部性の特質は現象としての気候変動だけでなく，その解決策としてのGHGガス排出削減技術の開発にも存在する．企業等による技術開発については，「スピルオーバー」（漏出，流出の意）という要因により開発主体による利益の専有が困難であるという問題が一般的にある．具体的に言うと，たとえば技術開発の恩恵は開発主体の企業だけでなくその上流や下流にあたる産業（たとえば，太陽光パネル製造と住宅産業の関係のように）にも伝播するものであったり，そしてそもそもある企業において開発された技術やノウハウ自体も他の企業に渡るのが比較的容易である（たとえば，機械製品などであれば，ライバル企業が購入し，分解して調べることによってある程度の技術情報を得ることが可能，というような），といったことがある．技術の開発主体の利益は特許などの知的財産権制度によってある程度の保護は可能であるが，知的財産権の強力な保護は技術の普及を妨げるという負の面もあり，通常の財の所有権ほど完全なものではない．たとえば，特許は永続的に与えられるものではなく，通常有効な年限（日本においては通常20年）が決められている．また，そもそも製造に関わるさまざまな要素技術や生産・販売管理のためのノウハウのすべてを特許化あるいは秘匿することは不可能であるということもある．さらにスピルオーバーは時間の経過も関係する．たとえば新技術が普及し市場が成熟してくるということで，経験による習熟（learning by doing）の効果により産業全体で製品の供給費用の低減が徐々

に起きることがある．その場合，新技術の導入の促進を政策を通じて図ることは社会全体の長期的利益につながり得る．

　気候変動のように外部性や公共財が関係する問題は，民間主体による市場取引を通じてのみでは解消しない「市場の失敗」が存在する問題と言え，政府の介入が社会・経済にとって得な状況を作り出せる可能性がある．他方で現実の社会の状況を考える上では，政策立案や実施を担う政府システムが数多くの構造的制約や欠陥を持つこと，つまり「政府の失敗」が存在する事実にも留意する必要がある．2つの相反する側面のバランスを取ったものがよい政策であると言えるだろう．

　なお，現実の社会においては，企業が自発的に環境対策を行わないわけでは必ずしもなく，ブランドイメージの維持・向上やリスク管理などの観点から，利潤が減っても自主的な取り組みとして環境対策を実施するということは往々にしてあり得る．企業の社会的責任（CSR: Corporate Social Responsibility）と呼ばれるものである．しかしながら個々の企業が規制の裏づけなしに自主的に環境対策を行う場合，そのような取り組みに参画しないライバル企業を利してしまうという可能性を排除することができない．ゲーム理論でいうところの「囚人のジレンマ」，あるいは Hardin（1968）によって問題提起された「コモンズの悲劇」にあたる状況である．自主的な環境対策に積極的な企業にとっては，産業全体に政策という強制力が及ぶ方がむしろ有利となる．

　さて，上述のように市場の失敗により GHG の排出削減についての適切な水準を市場を介してみつけることができないとすると，政策手段によりどの水準までの排出削減を求めるのが社会的に望ましいのだろうか．これについては一義的には，排出削減による正味の社会的便益の最大化，つまり削減の社会的便益と社会的費用との差が最も大きくなる削減量を目標として設定すればよいと考えることができる．ただ，実際の政策立案においては，政策レベルの最適値自体をみつけるというよりも，特定の政策案の実施が社会全体にとって正味の便益をもたらすか否かの判断が必要となることの方が多い．そしてその判断のためには，政策実施の社会的便益と社会的費用を比較する費用便益分析が行われる．また，似たような評価方法として費用効果（cost effectiveness）分析というものもある．これは，政策に関して特定の達成基準（金銭的なものに限らない）を設定し，それを実現するために必要な費用を評価する（言い換えると，政策導入の便益については定量評価しない）というものである．

　なお，経済学的な観点からみて真に望ましい政策とは，「誰かの効用を犠牲にしなければ，他の誰かの効用を高めることができない」という，パレート最適の状況が実現される政策である．これは言い換えると，政策実施によって損失を被る社会構成員が 1 人も出ない，ということである．しかしながら，実際の費用便益分析ではパレート最適の基準を直接あてはめて政策評価を行うことはあまりなく，単純に政策実施による社会全体での便益と費用の総和を比較するにとどめていることが多い．これは政策によって恩恵を被る者と損失を被る者の間の利益の再配分は，他の既存の政策手段，たとえば累進所得税制や社会保障政策などによって実現されるということを暗に前提としていると考えることができる[2]．しかしながら，現実の世界には大きな経済格差が是正されない形で存在し，気候変動による被害や気候変動対策の費用負担はそれをさらに拡大してしまう可能性がある．この問題については気候正義に関する 6.4.3 項で議論する．

　費用便益分析においては，政策導入による現在と将来の社会的便益と費用のすべてを合計し，それが正であるか負であるかによってその是非を評価する．将来の便益と費用については，一定の年率の割引率を適用して現在価値に換算するのが通例である（つまり，将来の費用や便益は額面の額よりも小さいものとして扱われる）．これは，一般企業や政府が長期の設備投資やインフラ建設のために資金を借り入れる場合に，通常一定の利子が必要となることを想起すると理解しやすい．実際の事業評価においては，たとえば国土交通省では割引率を年率 4% に設定している[3]．割引率が正の値であるのは，世界経済の規模拡大のトレンド，将来よりも現在の利益を優先する人間の心

2　これは，政策や事業の実施により恩恵を被る人々が，その利益の一部を使って損害を受ける人々の損失分を潜在的に完全に補償でき得るのであればその政策や事業の実施は望ましいとする，「カルドア＝ヒックスの補償原理」の考え方に基づいている．

3　この数値設定に関する考え方や関連する論点については「令和 2 年度 第 2 回公共事業評価手法研究委員会【資料 2】費用便益分析について」にまとめられている．

理特性，事業や政策の目的達成にかかる将来のリスクや不確実性，の3つの要因を主に反映している．これらの要因の存在は気候変動政策の経済評価についても同様である．ただ，気候変動については，安定した気候システムが人間の生存にとって必須である（代替が効かない）という性質があるので，橋や道路の建設のような通常のインフラ投資とは異なる割引率の水準を用いるのが理論的にも妥当であるとされている（たとえば Arrow *et al.*, 1996 を参照）．また，気候変動問題で考慮されるタイムスパンは50年から100年，あるいは場合によっては数世紀にも及ぶという，複数世代をまたぐものであり，長くて数十年程度という通常の経済問題では考慮されない倫理学的な視点も必要になってくる（世代間衡平の問題）．このようなことで，気候変動政策の評価にあたって割引率を年率何％に設定すべきかという問題については，学術的にさまざまな議論があり，まだ完全なコンセンサスは得られていない（最新の学術的議論についてはたとえば Polansky and Dampha, 2021 を参照）．

　気候変動対策の費用便益分析で考慮されるべき便益は，必ずしも農作物の収量変化に代表されるような市場財への影響のみが含まれるべきということはなく，非市場価値も計算に入れることが必要である．たとえば，人間の死亡数の減少は必ずしも金銭的利益につながるものではないが，そのような社会的便益は費用便益分析に含めるべきものである．死亡率の変化については，通常の死亡事故の損害賠償額の計算方法と同様の方法を用いて，その効果を貨幣換算することができる．また，気候変動の生物多様性への影響などのように，人々の日常生活に直接関係するわけではない気候変動被害についても，たとえば希少種保全のための仮想の公共プロジェクトに対して各個人が支払っても構わない金額（支払い意思額）を世論調査に類似した手法で聞き出すことによって貨幣換算評価を行う，といったことは可能である．

　これらの手法を用いながら現在と将来の気候変動被害の貨幣換算評価し，それを全世界的に合計する取り組みがアメリカ政府等で行われており，そのような数値は Social Cost of Carbon（SCC，または SC-CO$_2$: Social Cost of Carbon Dioxide）と呼ばれ，実際の政策評価に応用されている．たとえば，最新の SCC の評価値として，CO$_2$ 1トンあたり190米ドル程度という値が提案されている（Rennert *et al.*, 2022）．これを日本における CO$_2$ の1人あた

り年間排出量の約 8 トンを単純にあてはめると，1 人あたり年間 23 万円程度[4] の社会的費用を生じさせているということになる．

　ただ，気候変動の社会的費用の定量化の試みはまだ発展途上であり，まだ確度の高い数値が得られていない種類の気候変動被害については値に反映されていない．たとえば，仮に人為的な気候変動が，世界規模での海洋循環や地球各地の生態系の大規模かつ不可逆的な変化（レジームシフト）を誘発する可能性があるのであれば，それを予防するための一種の「保険」として，現在考えられている以上に積極的な排出削減を行うことは合理的であり得るが，気候変動のこのような影響に関する自然科学的知見および経済分析の例はまだ限られており，上記の SCC の評価値はこの要因は考慮していない．また，気候変動に伴う武力紛争の増加や気候難民の発生についても，将来被害の貨幣換算予測に関して確かなものはまだ存在しない．

6.2　国内政策 杉山昌広・倉持 壮

　望ましい気温上昇については科学的な議論が続いているが，6.3 節で述べるように国際的には全球平均気温を 1.5℃ に抑える政治目標が設定されており，この国際目標を参照しつつ，各国が政策を実施してきている．本節では，まず，排出量に関する国レベルでの目標設定について紹介する．次に，その目標を達成するために必要となる政策を説明する．

6.2.1　気候変動緩和策の目標設定

　IPCC の報告書によれば，気温上昇を 1.5℃ に抑えるためには 2050 年代に世界で CO_2 の排出量を正味ゼロ（ネットゼロ，実質ゼロ，カーボンニュートラル）にしなければならない（コラム 5.1 参照）．正味ゼロとはわずかに残る残余排出と同じ分を大気から CO_2 を除去して正味でゼロにすることを意味する．IPCC が 2018 年に公表した「1.5℃ の地球温暖化」報告書以降，世界的に正味ゼロを掲げる国が増えてきている．本稿執筆の 2023 年 10 月 22 日現在で，法定化した国・地域が 26，政策文書に盛り込んでいるのが 54 となっ

---

[4]　1 ドル 150 円程度であるとした場合．

ている[5].

　アメリカや欧州，中国やインドなど主要な排出国は正味ゼロ目標を設定している が，その内容は国や地域によって異なり，また先進国が化石燃料依存 の発展を遂げてきたという歴史的経緯なども考えなければならない．先進国 では日本は 2050 年で GHG の正味ゼロ排出の目的を定めており（日本は法 定化），欧州連合もアメリカも同様である（欧州連合の個別の国はより早い 正味ゼロ目標を設定している）．一方，中国は 2060 年の CO_2 正味ゼロ，イ ンドは 2070 年の正味ゼロ（GHG 全般か CO_2 か不明）の目標を掲げている． こうした目標を達成するために各国はさまざまな政策を実施してきている．

　なお，1.5℃気温目標のためには 2050 年代で CO_2 正味ゼロが必要と述べた が，これは世界全体での正味ゼロを意味し，国によっては排出が残る場合も ある（その場合は他の国が CO_2 除去（CDR: Carbon Dioxide Removal）で 相殺することになる）．経済学に基づいて安価な CDR が可能な国で多く減 らすことも考えられれば，倫理学に基づいて先進国が過去の CO_2 排出の責 任を考えてより多く減らすことも考えられる．また，5 章で解説した排出削 減・炭素除去のコストとポテンシャルが部門によって異なるため，部門ごと に経済合理的な正味ゼロのタイミングは異なる．技術経済的に考えると電力 部門は他の部門より早くゼロに到達する必要がある．地球全体で正味ゼロ＝ 世界のすべての国のすべての部門で同時に正味ゼロになるわけではないこと に注意が必要である．

6.2.2　政策の分類

　次に，国内での政策として，経済的手法，規制的手法，およびその他に分 類してみていこう（表 6.1）．

　経済的手法は，6.1 節で解説された環境外部性に価格を付け，市場に取り 込むことを目指す．CO_2 などの GHG を排出する行動の経済的費用を上げ， また緩和につながる行動の経済的費用を下げる政策手段である．前者は炭素 の価格付け（カーボンプライシング）と呼ばれる．一般的には化石燃料など に課す炭素税や，排出量に制約をかけて市場で取引を促す GHG 排出量取引

5　https://www.climatewatchdata.org/net-zero-tracker?showEUCountries=true

表6.1　政策の分類（IPCC AR6 WGⅢ 13章表13.1を改変）

分類	典型的な政策の例
経済的手法	炭素税，GHG 排出量取引，化石燃料税，税額控除，補助金，再生可能エネルギー補助金，化石燃料補助金削減，オフセット，研究開発補助金，債務保証
規制的手法	エネルギー効率基準，再生可能エネルギー利用割合基準（RPS: Renewable Portfolio Standard），自動車排出ガス基準，SF_6 使用禁止，バイオ燃料の含有量義務化，排出性能基準，メタン規制，土地利用規制
その他	情報プログラム，自主協定，インフラ整備，政府技術調達政策，企業の気候関連情報開示

がわかりやすい事例で語られる．後者には導入を促進するための再生可能エネルギー補助金，電気自動車購入のための補助金，また企業の技術開発のための研究開発投資への税額控除などがある．

　規制的手法は，法律等に基づいて直接的に GHG 排出削減を促したり強制したりする手法である．照明器具や冷蔵庫，テレビの省エネルギーを促すエネルギー効率基準や自動車の燃費規制，排出性能基準などが該当する．たとえば日本では家電機器などを対象にしたトップランナー制度が設けられており，省エネルギーに貢献してきている．

　その他には，情報開示やラベリングなどの情報プログラムが挙げられる．家電量販店などに行くとエアコンや冷蔵庫の省エネ効率を星で示すラベリングがあるが，消費者に省エネルギーの効果を知らせる手法である．一般的に高効率な省エネルギー機器は初期導入費用が高く使用時のコストが低くなる傾向があり，こうしたラベリングで全体的な光熱費なども含めてわかりやすく消費者に伝えることも有用である．また企業が政府と自主協定を結ぶことも考えられる．日本では 1997 年から経済団体連合会が環境自主行動計画，低炭素社会実行計画という自主的な計画のもとで気候変動対策を進め，経済産業省の審議会により進捗のチェックを受けてきた．

　また情報プログラムの延長線上であるが，ナッジと呼ばれる情報提供の仕方などを変更することによって行動変容を引き起こす行動経済学に基づく手法もある．

　なお，表に含まれないが，政策目標設定自体も政策の一種類である．6.2.1 項で述べたように各国が正味ゼロ目標を掲げている．このように政府が目標

や方向性を示すことで産業界や研究者，ステークホルダーもこうした目標を参照して動いていくことになり，これをアナウンスメント効果と呼ぶ．アナウンスメント効果は，将来の炭素の価格付けや技術開発目標の設定，植林量の目標設定など，さまざまな領域にみられる．

6.2.3 経済的手法

炭素の価格付け：炭素税と排出量取引

　世界各国ではさまざまな経済的手法に基づいた気候政策が実施されている．経済的手法で主要な手法は，炭素の価格付け（カーボンプライシング）と呼ばれる炭素税（化石燃料などに炭素分に応じて税を課す）や排出量取引である．2022 年 4 月時点で，世界では 68 の炭素の価格付け政策が導入されており，世界の GHG 排出量の約 23% をカバーする．

　まず最初に理論的背景を振り返れば，炭素の価格付けには，おおまかに二分して，CO_2 排出に対して「価格」を付けて削減インセンティブを与える炭素税と，排出量の「量」に制限をかけて市場で取引する排出量取引がある．

　炭素税は，CO_2 の排出量に応じて課税する仕組みである．課税対象者は，エネルギーの流れの上流（輸入や供給の事業者）から下流（最終消費者などの需要家）まで幅広い可能性がある．税率や税収の使い方はさまざまであり，使途としては一般財源に組み込む方法や，再生可能エネルギー関連に投資する方法などがある．炭素税は，課税対象を広く設定できる利点がある一方，増税はどの国でも政治的に難しい課題であり，受容されにくいという課題がある．

　排出量取引制度は，GHG 排出者に排出枠を設定し，実際の排出量に相当する排出枠の用意を義務づけるものである．排出枠は市場で購入したり転売したりできる制度であり，市場の取引を通じて安価な削減策が探られる．排出量取引制度の利点は，市場設計の仕方によって排出量の多い事業者をピンポイントで対象とできることである．弱点は，排出枠設定が政治的なプロセスになり，既存の事業者に有利な形になってしまい，緩い排出枠になってしまう恐れがあることなどがある．

　経済学理論によれば，両者は一定の条件下で同じ効果を持つとされ，3 章

で解説された統合評価モデルなどでは同等に扱われることが多い．また理論的には炭素税や排出量の価格を上げていき，6.1 節で述べた SCC の値と同じ水準まで到達すると，経済効率的な気候変動緩和策が実施されると理解される．

　実際のところはさまざまな条件が満たされず，経済学の枠組みでも排出量取引と炭素税は違う結果が出ることがわかっている．たとえば，削減コストの情報に関する不確実性やさまざまなアクターの合意の必要性といった政治経済的側面を考慮すると違いが生じる．また，政策に関する意思決定は経済学以外の学問も重要であり，適正な炭素価格の水準については多くの議論が残る．

　具体的な政策に目を移すと，気候変動緩和策のための炭素税については，世界で初めてフィンランドが 1990 年に導入した．日本では炭素税（正確には「地球温暖化対策のための税」）が 2016 年から完全実施されており，CO_2 の 1 トンあたり 289 円がかかっている（同税の他にも石油石炭税が別途追加されていることに注意が必要）．

　また排出量取引については東京都・埼玉県が大規模事業者を対象に排出量取引をそれぞれ 2010 年，2011 年から運営してきた．日本全国でも 2023 年度から事業者による自主的な排出量取引が試行的に始まり，2026 年度には本格運用が始まる予定であるが，詳細は検討中である．

　翻って世界をみれば，欧州連合の排出量取引制度（EU ETS: European Union Emissions Trading System）が国際的な枠組みとして最も歴史がある．現在は中国の排出量取引制度がカバーする排出量が世界最大であるが，中国の制度が導入されるまで最大であった．1997 年に合意された京都議定書（パリ協定の前の地球温暖化対策の国際枠組み）の目標達成のために 2005 年から試行的な運営を開始し，2008 年から本格稼働してきており，欧州連合の気候政策の中核をなしている．対象は発電所や産業施設，国内航空部門であり，CO_2, N_2O, $PFCs$ を対象とし，欧州連合の排出量の約 40% である約 15 億トンをカバーしている．各企業は割り当てられた排出枠をもって，それより上回って削減できる場合は枠を市場で販売し，枠より多くの排出量が出る場合は市場から入札を通じて排出枠を購入することになる．EU ETS は年

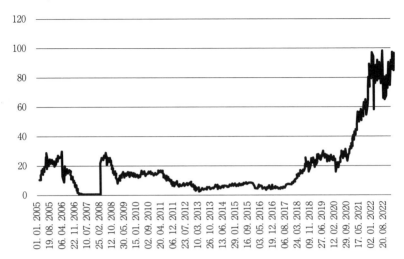

図 6.1 EU ETS のスポット価格．単位は EUR/t-CO$_2$．(https://icapcarbonaction.com/en/ets-prices)

を追うごとに強化されてきており，排出枠は当初無償割り当てが多かったが，入札へ切り替えが進んできている．図 6.1 に EU ETS の取引価格を示す．

　IPCC のまとめによれば，EU ETS では 3-25% の削減効果があったとされる．（とくに 2020 年以前は）価格が低く削減インセンティブも低目であり，また欧州では ETS に加えてさまざまな対策が並行して取られているが（たとえばドイツの固定価格買取制度など再生可能エネルギー導入支援策は ETS の対象の電源部門の CO$_2$ 排出削減に寄与する），削減効果は経済学的に確かめられている．

　排出量取引は完璧ではなく問題を引き起こす場合もある．よく懸念されるのが，産業の国際移転に伴う漏洩，カーボンリーケージ（carbon leakage）である．排出削減対策をする欧州連合などから，対策がない，または弱い国や地域に製鉄所が移転すると，欧州連合からは GHG 排出量が減るかもしれないが，欧州連合から排出量が漏洩したことによって地球全体でみたときには変化がないことになる．さまざまな研究によって今のところ EU ETS による欧州連合域外への排出の漏洩は起きていないとされる（Dubash *et al.*, 2022）．漏洩についての認識は深まっており，この対策として欧州連合が域

外から輸入する製品にEU ETS相当の関税を課すという炭素国境調整が2026年から段階的に導入される予定である.

カーボンプライシングという言葉はCO_2だけに関連するように聞こえるかもしれないが，EU ETSでも複数のGHGが対象になっていることに注意されたい．この文脈で興味深いのが欧州連合ではないが，アメリカのメタン漏出への過料である．アメリカは世界最大の原油と天然ガスの生産国であるが，2022年に成立したインフレ抑制法（次項参照）によって，漏出したメタン排出への過料が2024年から始まることになっている．これはアメリカで初めての事実上の炭素税である.

再生可能エネルギー補助政策

地球温暖化対策というと再生可能エネルギーをイメージする人も多いだろう．再生可能エネルギーの導入促進にもさまざまな経済的手法が用いられてきた.

ドイツではエネルギー転換（石炭・原子力中心のエネルギーシステムから再生可能エネルギー中心のエネルギーシステムへの転換）の政策を進めるために，再生可能エネルギー法（EEG: Erneuerbare-Energien-Gesetz）が2000年に導入された．とくに再生可能エネルギーを固定価格で買取りする制度（FIT: Feed-In Tariff）を実施し，一時期バブルもあったが風力発電・太陽光発電などの大幅な導入拡大に成功した．FITは改訂され，FIP（Feed-In Premium，卸電力市場の日々の価格変動を考慮した制度設計）や入札が導入されてきている．2020年以降，ドイツでは再生可能エネルギーの発電量が総発電量の45%を超えてきている.

日本も2011年3月11日の東日本大震災と東京電力福島第一原子力発電所の過酷事故の後エネルギー政策が見直され，再生可能エネルギー電気の利用の促進に関する特別措置法によってFITが導入された．とくに太陽光発電は当初（税込みで）42円/kWhという高額な買取価格が設定されたため，導入ラッシュが起き，大幅拡大につながった．このため，FIT試行前に比べて総発電量に占める再生可能エネルギーの割合が倍増し，以前からある大規模水力発電を加えると20%を超えるようになってきた．ただ適正な環境

アセスメントが行われずに性急に設置された再生可能エネルギー施設もあり，住民の反対運動もみられるようになってきている．日本でもドイツ同様にFIPや入札への移行が進められ，またほかの電源の支援策（たとえば洋上風力の促進のための再エネ海域利用法の整備）も強化されてきている．

　アメリカでも2022年の夏にバイデン政権の下，インフレ抑制法（IRA: Inflation Reduction Act）案が可決された．この法案は名前から想像されるのとは違って過半が気候変動緩和策に関する政策であり，さまざまな政策のパッケージである．企業向けの再生可能エネルギー導入や電気自動車など多数の技術に関する税控除が導入された．アメリカの税控除は事業者間で移転が可能なものもあり，事実上補助金のような効果がある．バイデン政権が公約した2030年までのGHG 50%削減までは届かないが，全体として40%程度の排出削減につながるとされ，中でも再生可能エネルギーには多くの貢献が期待されている．

　なお，再生可能エネルギー補助政策は短期的には大きな経済負担が生じるのは事実であり，たとえば日本では固定価格買取制度のために年間で3兆円規模の支払いが起きている．アメリカのインフレ抑制法でも増税が同時に行われる枠組みになっている．ただ，この支払いを負担とみなすか，貢献とみなすか，はたまた将来への投資とみなすかは，価値や経済状況，技術展望に依存する．経済が好調であったドイツでは世界への贈り物とみなされているのに対し，経済が停滞していた日本では経済的な負担とみなされることが多いようである．また，再生可能エネルギー技術などには学習効果があり，導入が進むとコストが低下するので，長期的にみればコスト軽減につながる可能性もある．事実，国や地域によっては発電コストでみれば太陽光などが最も安い電源になっている国もある．

6.2.4　規制的手法

　以上，経済的手法について主にエネルギー供給や産業の議論をしてきたが，これには理由がある．さまざまな理由で，需要側は価格に対して明確な応答を示すわけではない．省エネルギーは経済合理的，つまりお金を儲けることができる場合が多いが，実際は実施されていないことが多い．たとえば既築

のアパートの断熱を考えてみよう．一戸建てでは断熱改修工事をして最初に
お金を支払う人と，省エネルギーによって光熱費削減の恩恵を受ける人は同
じであるが，アパートだと大家が修繕費を払った場合，光熱費削減の便益は
貸借人が受けることになる．これでは大家はわざわざアパートの断熱をよく
しようとは思わないだろう．また多くの人が新車を購入する際には，車のデ
ザインや席の大きさなどに気を取られ，燃費は（ガソリン高騰時以外は）非
常に重要なポイントにはならないだろう．

　このような理由で，1973 年の石油ショック以降，多くの国で需要側機器
の省エネルギーにさまざまな形で規制的な手法が多く取られてきた．日本で
はある年の最高のエネルギー効率を持つ製品群（トップランナー）と技術動
向に基づいて，近い未来の省エネルギー性能が決められるというトップラン
ナー制度（表 6.1 におけるエネルギー効率基準）が，約 30 の製品区分を対象に
運用されている．エアコンや冷蔵庫，テレビ，また自動車などさまざまな製
品の効率向上に寄与してきた．

　より直接的な規制も進みつつある．最近ではゼロ排出車（ZEV: Zero Emis-
sion Vehicle）以外の販売を禁止する国が増えてきている．ZEV とは，一般
的に電気自動車や燃料電池車のように走行時に環境汚染物質を排出しない車
両のことを指す．ノルウェーは 2025 年には内燃機関の自動車（ガソリン車
やディーゼル車）の販売を禁止することを謳っており，大きな市場であるア
メリカのカリフォルニア州でも 2035 年を目標としている．こうした政策を
積み上げると，2035 年の軽量乗用車（LDV: Light Duty Vehicle）車両の新
車市場の約 25% が ZEV でカバーされることになる見通しである．実際に，
市場も着実に成長している．2022 年にはノルウェーでは新車販売の約 80%
が電気自動車である．

　しかし先進国の車の寿命は 15 年程度なので，新車販売（新たなフロー）
が仮にすべて電気自動車になっても，使われる車（ストック）がすべて入れ
替わるのにはしばらく時間がかかるし，また発展途上国では先進国の中古車
が多く使われるのでより一層長期の時間がかかることに注意されたい．言い
換えればパリ協定の目的に適合するように車を ZEV にしていくためには，
今から政策を進めなければならないのである．

電気自動車の GHG の排出量は，充電時に使われる電気を生産する際の排出量に依存する．多くの国・地域では現在の電源構成でも排出削減になるという分析もあり，さらに各国では電気自動車導入と並行して電源の脱炭素化が進んでいるため，こうしたシナジーを見越した政策になっていると理解できる．

他にも石炭火力発電の段階的廃止（フェーズアウト）（例：ドイツ）や新築住宅へのガス管導入禁止（例：アメリカのニューヨーク州）といった政策が世界でみられる．

6.2.5　政策の組み合わせ：政策パッケージまたは政策ミックス

経済的手法，規制的手法について説明したが，最近の社会技術システム全体のイノベーションを分析する移行研究などの進展で，複数の政策を組み合わせる政策パッケージまたはミックスの重要性が明らかになってきている．内燃機関自動車の禁止と電気自動車の導入補助について上述したが，各国は2 次電池や電気自動車の研究開発も強化してきている．（移行研究についてはコラム 6.1 も参照のこと．）

他にも，エネルギートランジションで変化を受ける人々への対応も重要な視点である．ドイツでは現在石炭火力発電の閉鎖政策が進んでいる．石炭火力発電はドイツのみならず日本を含む多くの国で安価で安定な電力を供給し，炭鉱から発電所まで含めて多くの雇用を生んできた．太陽光発電や風力発電等の拡張にもかかわらず，2022 年でも約 30% の発電量を占めていた．ドイツでは 2018 年に脱石炭を検討する委員会が政府に設置され，その答申に基づき 2038 年に石炭火力発電所を廃止することが 2020 年に法定化された．

脱石炭委員会の最終報告を受け，法律では公正な移行（just transition）という概念が強調されている．ここでいう公正な移行とは，エネルギーシステムが移行する際には，その移行で職を失ったり税収が低下して経済が縮小する地域への支援や補償が必要であるという考えである．ドイツの法律においては具体策として褐炭（低品位の石炭）産出地域の産業転換支援やインフラ投資，職を失う場合の労働者への補償などが盛り込まれている．また論争を呼んだが，石炭火力発電所を閉鎖する発電事業者への補償まで含まれた．

言い換えれば，ドイツでは石炭火力発電所廃止と既存産業の補償が政策パッケージとなっているのである．（このような対策も含めた倫理的視点については，気候正義に関する 6.4.3 項を参照のこと．）

コラム 6.1　脱炭素への社会技術システムの移行（トランジション）

杉山昌広・城山英明

　本文では，政策における社会と技術の関係性について詳述していないが，実際には政策，社会，技術，経済などは絶えず相互作用しており，政策や技術だけを切り出すのではなく，各々の相互連関や時間軸におけるその展開をみる視点が重要である．

　そこで有用なのが持続可能性移行研究（sustainability transitions research）という研究分野である（陳ほか，2022）．イノベーション研究や進化経済学，技術社会学などの流れを受けて発展した研究領域である．

　脱炭素には，GHG を排出する技術や取り組みを縮小させ，逆に GHG を排出しないイノベーションの拡大が必要である．しかし，こうしたイノベーションの普及過程では，技術だけでなく社会的側面についても考えなければならない．たとえば，電気自動車が普及して内燃機関車にとってかわるには，電気自動車の技術開発以外に社会や制度，消費者の変化も必要になる．

　持続可能性移行研究でよく使われる枠組みが，重層的視座（MLP: Multi-Level Perspective）である（図 A）．MLP では新たな技術や取り組みが社会に広がる過程を 3 層の相互作用として考える．1 層目はニッチイノベーションであり，多数のイノベーションの芽の一部が育つニッチに対応する．2 層目は社会技術システム自体（より専門的にはレジームのことを指す）である．

　電気自動車について言えば，電気自動車専業企業テスラの駆け出しのころは，その製品は一部の環境保護運動者やセレブリティに好んで購入された．これがニッチに相当する．同時に，こうした動きをみて既存の自動車会社が再考して戦略を変更したりする．これが社会技術システムとニッチイノベーションの相互作用である．消費者選好も社会技術システムの重要な 1 要素である．1 回の充電で走れる航続距離への不安が解消すれば，電気自動車への態度が変わるかもしれない．

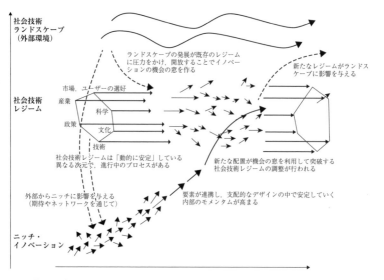

図A　持続可能性移行の重層的視座（MLP）(Geels, 2002, 2011 に基づく陳ほか，2022)

3層目がランドスケープと呼ばれる外部要因である．脱炭素の必要性を幅広いアクターが認識し，自動車業界や交通システムの外で学生の学校ストライキ運動や金融界の環境・社会・ガバナンス（ESG: Environment, Social, Governance）投資の潮流が生まれる．これがニッチイノベーションの背中を後押しし，既存のビジネスや政治家に圧力をかける．アメリカでは2022年バイデン政権の下でインフレ抑制法が成立し，電気自動車の導入支援策が充実したが，これにはアメリカでの気候変動対策の必要性の認識の浸透が背後にある．

このように，MLPのような枠組みを用いて，相互作用の広がりや移行の過程を研究するのがトランジション研究なのである．

移行研究からどのような政策的含意が得られるだろうか．社会技術システム全体を俯瞰すると，ニッチイノベーションを育成する研究開発投資や起業（社会起業を含む）の促進，脱炭素技術の導入のための再エネ固定化価格買取制度や炭素の価格付けを適切に組み合わせ，一定の時間軸の下で共進化させていくことが必要であることがわかる．

6.2.6　政策の執行

経済的手法や規制的手法などの政策が法律になっても，それが執行される
かどうかという問題がある．一例として，森林伐採を考える．発展途上国や
新興国の多くは森林保全のための法律が整備されているが，警察官の間で賄
賂が広まったり，検査官の数が減らされたりすると，執行が弱くなり森林破
壊が起きてしまうのである．実際，IPCC は森林破壊の防止に効果がある対
策として法の執行（law enforcement）を挙げている．このような事情から，
政策が法制化されていても思うように環境保護政策が進まないこともある．

6.3　国際枠組み　　　　　　　　　　　　　　　　　　　亀山康子

6.3.1　国際的な取り組みの分類

各国でさまざまな政策が取られていることを解説したが，地球温暖化とそ
の帰結としての気候変動は，世界のすべての国が関わる問題であるため，問
題解決に向けて動くためには，国際的な枠組みが必要となる．国際枠組みと
いっても，やり方はさまざまである．大きく分けると，国（あるいは政府）
が中心となるものと，国以外の主体が中心となるものに分けられる．前者は，
さらに，包括的な多国間条約を多数の国で締結する方法，近隣の関係国間や，
ある方策に賛同する一部の国だけが集まり，任意の合意文書を作っていく方
法，国連が主導する合意，国際エネルギー機関（IEA: International Energy
Agency）など国連以外の国際機関の下で策定される合意など，さまざまな
アプローチに分けられる．後者についても，世界経済フォーラム（WEF:
World Economic Forum）やネットゼロ金融など産業団体によるイニシアチ
ブ，自治体の連合体，若者たちの緩やかで自発的なネットワークまで多様で
ある．

気候変動の場合は，1980 年代，科学者たちの集会で気候変動に対する危
機意識が高まり，政策決定者を動かした時代まで遡ることができる（1章表
1.1 参照）．1980 年にアメリカ内の科学者の知見を取り入れたカーター大統領

（当時）の報告書『西暦 2000 年の地球』や，1985 年のフィラハ会議などで，地球温暖化が将来深刻な問題となり得ると指摘された．1988 年に開催された「大気質に関するトロント会議」では，排出削減目標を含む国際条約を策定すべきという意識が醸成され，条約策定に向けた交渉会議が 1991 年に開始した．以来，主に国連が中心の多国間での議論が国際枠組みを形成してきた．

国際条約の締約国は，当該条約に書かれた主旨に賛同し，約束を尊重する姿勢を表明すると理解される．その意味で法的拘束力を有する．しかし，国内の法律と違い，締約国はいつでもその条約から離脱する自由も有する．地球環境問題では，その問題の原因を引き起こしている国がその条約の締約国とならないと，そもそも問題が解決しない場合が少なくない．そのため，条約交渉の際には，原因を生じている国の意思が反映されている必要があり，結果，できあがった条文は，問題解決には不十分な内容にしかならないことも多い．気候変動の場合は CO_2 の排出がエネルギー利用と深く結びついているため，積極的に減らしていきたいという国は現れづらい．温室効果ガス（GHG: Greenhouse Gas）排出量の多い国に参加してもらいつつ，確実に減らしていくための工夫が何十年にわたって凝らされてきた．

6.3.2 国連気候変動枠組条約と京都議定書

1988 年に発足した気候変動に関する政府間パネル（IPCC: Intergovernmental Panel on Climate Change）から公表された科学的知見を踏まえ，1992 年に，気候変動に関する初めての国際条約である国連気候変動枠組条約（UNFCCC: United Nations Framework Convention on Climate Change）が採択された．この時期には，まだ気候変動に関する科学的知見は十分ではなく，温暖化した場合に起き得る影響や，それを回避するに十分な排出削減量が科学的に提示されていなかった．そこで，この条約では，あくまで今後あるかもしれない悪影響に対して，今からできることをやっておくという主旨で「予防的措置」を取るとした．また，GHG の主な排出国は先進国であり，また対策に必要な技術も資金も先進国が有しているため，先進国がまずその責任を取るべきであるという途上国からの主張を踏まえ，「共通である

が差異のある責任及び各国の能力」が原則として示された（第3条）．4条
には，これらの原則を踏まえ，先進国に限定して，2000年までに1990年の
水準まで排出量を戻すことが推奨された．

　同条約は，1994年に発効した．しかし，この条約では，排出削減が努力
義務の形で示されたこともあり，日本やアメリカなど多くの先進国で排出量
はその後も増加し続けた．1995年の国連気候変動枠組条約第1回締約国会
議（COP1: Coference of the Parties 1）では，途上国が先進国の状況を批
判し，先進国が真剣に排出削減に取り組むための別の国際合意が必要と指摘
した．

　その結果が1997年の京都議定書採択である．枠組条約の反省から，京都
議定書では，先進国の2008年から2012年までの5年間における排出量目標
達成が国際約束として示され，法的拘束力を有する目標となった．途上国は
排出抑制を求められなかったが，2013年以降の目標を見直す際には，その
対象となりうることが前提として議論されていた．

　先進国が排出削減目標を達成するに際しては，自国内の排出量を減らす以
外に，他国から排出枠を購入して目標達成の一部に充当する制度が認められ
た．いわゆる排出量取引制度やクレジット売買である．また，植林などCO_2
を吸収する森林の量を増やす活動も，排出削減として一部カウントされた．

　このように，排出量目標達成の手段を多様化することで，先進国の同意を
得た京都議定書だったが，その後2001年に，当時最大の排出国だったアメ
リカは，排出削減が自国の経済活動に悪影響を及ぼすという理由で京都議定
書への不参加を表明した．また，2000年代に入ると中国など一部の新興国
の目覚ましい経済成長により，排出量が急増した．京都議定書の目標を先進
国が順守しても，世界全体の排出量は減らない状態となってしまった．

　京都議定書は2005年に発効したが，世界の2大排出国であるアメリカと
中国がどちらも京都議定書の下で排出量削減する状態でなく，実効性が減退
したことから，京都議定書に代わる新たな国際枠組みが求められた．2007
年には気候変動対策推進への貢献から，元アメリカ副大統領のアル・ゴア氏
とIPCCにノーベル平和賞が授与され，新たな枠組みへの機運が高まった．
しかし，2009年，コペンハーゲンで開催された国連気候変動枠組条約第15

回締約国会議（COP15）では，新たな国際枠組み交渉は決裂し，代わりに政治宣言であるコペンハーゲン合意が了承された．この合意では，危機的な気候変動影響を回避するためには，気温上昇幅を2℃以内に抑える必要があることが初めて明記された．また，途上国に対しても排出削減努力が求められることや，そのために年間1000億ドルという資金目標が掲げられた点が目新しかった．

6.3.3 パリ協定

　京都議定書に代わる新たな交渉が2011年COP17で再開され，2015年のCOP21にてパリ協定が採択された．パリ協定では，まず，平均気温の上昇幅を工業化以前と比べて2℃より十分低い水準となることを目指し，気温上昇幅1.5℃に向けて努力を払うこと．また，この目標達成のために，今世紀末までにGHGの人為的な排出と吸収との均衡（実質ゼロ）を目指すことが，長期目標として掲げられた．各国は，長期目標達成を念頭に置きつつ，自国で決定した排出量目標（NDC(s): Nationally Determined Contribution(s)，直訳では国が決定する貢献）を公表し，その目標達成に必要な政策を講じなくてはならない．また，この目標は5年ごとに更新し，新しい目標は前期の目標よりも進捗がみられているべきである．また，各国は適応策に関して計画を策定し，実施しなくてはならない．さらに，各国は気候変動の悪影響に伴う損失・損害を回避し，これに対処することの重要性を認める．

　先進国は途上国の対策を支援するための資金を提供しなくてはならない．先進国以外の国も自発的に支援することが推奨される．2025年までにそれ以降の資金供給量に関する具体的な数値目標を1000億ドル以上で定めることとする．

　パリ協定では，途上国を含めてすべての国を対象としていることもあり，排出削減目標の水準を各国の判断に任せることにより，すべての国の参加を得ることには成功した．一方，各国がそれぞれ決定した排出量を全部集めて合計しても，長期的に2℃目標達成には不十分という課題も残された．

　パリ協定のもう1つの特徴は，排出削減（緩和策）だけでなく，気候変動による悪影響に対する備え（適応策）や，異常気象等で甚大な損害を受けた

途上国に対する支援（損失・損害，あるいはロス＆ダメージ）に対しても，個別の条項をもうけ，締約国への指針を掲げた点だった．それまでは，どれだけ温暖化を抑制できるかという予防的措置の観点から，緩和策に対する義務，つまり排出削減目標の提示と達成，が主要な争点となってきた．緩和策が最も重要であることは，パリ協定でも変わらない．しかし，世界各国で異常気象が増加し，これらの影響にも事後的に対処していく重要性が高まったことで，適応策と損失・損害にも向き合わなくてはならなくなった．

パリ協定が 2016 年に発効した後の 2018 年，IPCC から 1.5℃ に関する特別報告書が公表された．パリ協定採択時，2℃ に加えて 1.5℃ までに抑える努力が言及されたが，この 2 つの目標の差（気候変動影響の差，および目標達成のための排出削減努力の差）について科学的知見が十分ではなかったため，IPCC からの追加情報が求められた経緯で作成された報告書だった．この特別報告書では，1.5℃ に抑える方が，さまざまな影響が相対的に軽微で済むこと，ただ，この目標にいたるには，今世紀末ではなく 2050 年までに排出量実質ゼロを目指す必要があることが示された．この特別報告書を契機に，手遅れになる前にまずは 1.5℃ を目指してみるという意識が世界中で高まった．2019 年イギリス政府の宣言を皮切りに，2050 年までに排出量を実質ゼロにする目標を掲げる国や自治体が増えた．この目標は 2021 年にイギリスのグラスゴーで開催された COP26 で取り上げられ，1.5℃ を目指す努力を払うことの重要性を再認識するグラスゴー気候合意が成立した．

今後は，排出削減（緩和策），適応策，損失・損害をまんべんなく議題として取り上げる必要が生じている．2022 年の COP27 では，途上国で生じた被害を補填する仕組みとして，損失・損害基金の設立が合意された．また，2023 年の COP28 では，再生「可能」エネルギー導入の加速や，化石燃料利用からの脱却が合意された．

6.3.4　国際枠組みを補完する非国家主体の役割

気候変動問題に対する世界の認識が変化した背景として，世界各地で異常気象が確実に増加し，深刻な被害を受ける人や地域が増えたこと（1.3 節図 1.12 参照），GHG 排出量削減を新たなビジネスチャンスとして認識できる

企業が増えている点が挙げられる.

　たとえば，2017 年，アメリカで共和党トランプ政権が発足した直後，トランプ大統領は，パリ協定からの離脱の意思を表明した．しかし，その直後から，アメリカ内では「アメリカがパリ協定から離脱しても，私たちはパリ協定に留まる」という意味の "We Are Still In" というキャンペーンが立ち上がった．ここには，アメリカの半数近い州知事，大都市の市長，主要な企業トップが名を連ね，連邦政府の判断とは無関係に，再生可能エネルギーの普及など脱炭素に向かう動きが生じた．

　また，欧州を中心に，2019 年頃から気候市民会議という対話の場が活用されるようになった（コラム 6.3 参照）．気候変動の専門家ではない市民が集まり，問題について話し合い，政府に対して提言を出すという新しいプロセスが活用されるようになった．

　上述の COP26 では，会議の正式議題として 1.5℃ 目標を目指す重要性が確認されたが，これと並行する形で，石炭火力発電全廃やクリーンな自動車の普及，森林保全，ネットゼロ金融等，1.5℃ 達成に必要な取り組みごとに，国だけでなく企業も参加する自発的なアライアンス（連盟）が多数誕生した．これらのテーマは，少数の反対国があるため COP の正式な場では合意に到達できないが，賛同者だけが自発的に集まって表明するやり方であれば合意しやすい．また，これらのアライアンスに参加していない国や企業があれば，非参加な状態が「見える化」され，各方面から圧力がかかる．

　2015 年の G20 財務大臣・中央銀行総裁会議の要請を受け，金融安定理事会により発足した気候関連財務情報開示タスクフォース（TCFD: Task Force on Climate-related Financial Disclosures）は，気候変動関連リスクや機会が企業価値に及ぼす影響に関する情報開示方法を検討し，2017 年に最終報告書を取りまとめた．以降，主要企業は，自社が直面している気候変動緩和策による移行リスクと，異常気象などの気候変動影響による物理的リスクを把握し，情報開示することが求められるようになった．現在，TCFD の活動は国際サスティナビリティ基準審議会（ISSB: International Sustainability Standards Board）に引き継がれている．

　これらの動向は，国がパリ協定の義務を履行するために法整備し，法規制

に従って企業が動いているという流れではなく，企業間での国際ネットワークがルールを作り，そのルールに企業が賛同している体裁である．これらの新しい流れは，多国間合意では達成しづらい内容を，非国家主体が補完しているといえ，両者それぞれが重要な役割を担っていると評価できる．

6.4　気候変動と持続可能な開発　　　　　　　　佐藤 仁・額定其労

　気候変動の国内政策，国際枠組みと視点を広げてきたが，気候変動は数ある持続可能性にある問題の1つである．以下，より広い観点で気候変動問題を位置づけて考えてみよう．

6.4.1　「持続可能な開発」の来た道

　経済開発が自然環境の犠牲によって成り立つ営みであることは長く認識されてきた．世界に先駆けて工業化に成功したイギリスでは，製鉄の燃料として欠かせない木材の過剰伐採が問題視されていたし，蒸気機関の利用が進むと，今度は石炭の枯渇問題も議論された．また20世紀初頭のアメリカでは，すでに「保全」（conservation）が政策を方向づける概念として使われるようになり，自然資源の保護や維持に政府が注力する動きが始まっていた（佐藤，2011）．それでも，富や便利さの希求は，開発を抑制する力にはならなかった．農薬や化学肥料が農業の生産性を向上させると同時に，生態系にマイナスの影響を与えていることは，たとえばレイチェル・カーソンが『沈黙の春』（1974；原著 *Silent Spring*, 1962）で指摘した．

　農業や化学肥料といった個別課題を1つの「システム」として捉える発想が生まれるきっかけになったのは，1968年にアポロ8号によって撮影された地球の写真である（図6.2）．この写真は「1つの地球」のイメージを人々に強く植えつけ，建築家・思想家のバックミンスター・フラーや経済学者ケネス・ボールディングが提唱した「宇宙船地球号」の概念を広く一般に普及することに貢献した．その後，ローマ・クラブによる報告書「成長の限界」（メドウズほか，1972）の出版と同年に開催されたストックホルム（国連人間環境）会議をもって地球を単位とした環境運動は1つの画期を迎える．

図 6.2　アポロ 8 号が撮影した地球 (https://www.nasa.gov/image-article/apollo-8-earthrise/)

　持続可能な開発の最も一般的な定式化をしたのは，1987 年のブルントラント委員会である．この委員会は，その報告書「我ら共通の未来」(Our Common Future) の中で持続可能な開発 (Sustainable Development) を「将来の世代の欲求を満たしつつ，現在の世代の欲求も満足させるような開発」と定義した．以降，国際社会は 1992 年のリオサミット，1997 年の京都会議など，いくつかの画期を経て，持続可能な開発を現場に落とし込む努力を行ってきた．

　他方で，いまだ基礎的な教育や栄養が十分ではない発展途上国からみると，経済成長を放棄して環境保護を重視した政策に移ることは容易ではない．そこで先進諸国はさまざまな技術支援・資金支援を行うことで，途上国の環境政策の充実を試みてきた．

　2015 年に加盟国の合意に基づき国連が提唱した持続可能な開発目標 (SDGs: Sustainable Development Goals) は，それ以前の国際目標であったミレニアム開発目標 (MDGs: Millennium Development Goals) が発展途上国に特化していたのに比べて，先進諸国にも努力義務を課したことで世界的な運動に発展した．2030 年を達成年度とし，17 の目標と 169 のターゲットから構

成されるSDGsは，気候変動だけでなく貧困や人権，ジェンダー平等など幅広い目標を掲げた．

「持続可能な開発」という言葉は耳ざわりがよいが，その実現は容易ではない．そもそも，なぜ開発は持続的ではなくなったのか．また，その開発に持続性を持たせるための負担は誰が負うべきなのか．著しい格差や不平等を生み出した現代の資本主義経済の中で，こうした正義の問題は避けて通れなくなってきている．先進諸国はこの問題を技術と資金の援助で解決しようとしているが，そこには2つの問題が潜んでいる．1つは，援助に焦点を集めることで，先進諸国自身の努力義務から目を逸らせる可能性，もう1つは，開発を求める途上国に環境保護を押しつけることで，途上国の特定地域が開発を否定される可能性である．

このような環境をめぐる正義の問題に焦点があたるようになったのは，環境負荷を生み出した責任や，その解決を誰が負担すべきか，また，解決に伴う負担を誰が負うべきかということについてさまざまな偏りがあることが明確になってきたからである．気候正義も，こうした環境正義の視点を発展させた考え方である．では，環境正義の成り立ちを振り返ってみよう．

6.4.2 環境正義

環境正義（Environmental Justice）は，1980年代のアメリカの環境運動の中で生まれた概念である．それは大同小異ながらさまざまに定義されてきたが，一言でいうと，人間は人種や貧富などにかかわらず誰もが安全な環境の中で暮らす権利があることを主張する考え方である．環境正義の実現と環境不正義の是正には，政治的平等原則や分配正義，手続き的正義（情報公開・参加）などが必要とされる．

同概念は1990年代からアジアの環境をめぐる社会正義問題にも適用されるようになっているが，政治と立法の領域にはまだ浸透していない．長く公害で苦しめられた日本は，環境正義の問題をいち早く経験した国であるといってよい．ただし，そこでの正義は，加害―被害という二者関係の枠組みにとらわれたもので，裁判などを通じて被害者が受けた被害をいかに救済するかという点に力点がおかれていた．

一方のアメリカではアフリカ系とラテン（南米）系の貧困マイノリティの
コミュニティが環境汚染にさらされがちで，環境不正義の被害を受けやすく
なっている．こうした一般の環境正義のほかに，アメリカでは先住民の（In-
digenous）環境正義という概念も提唱されている．先住民（ネイティブアメ
リカン）も貧困層やマイノリティと同じく，環境汚染（とくに放射性廃棄
物）の被害者だからである．ただ，環境汚染によって，先住民は健康上の被
害を受けるだけではなく，宗教や文化実践の場所をも失ってしまうことがし
ばしばある．

　アジアにもアメリカと同様，通例の環境不正義のほかに先住民の環境正義
の問題が存在する．環境不正義をもたらす顕著な要因として，東アジア諸国
では原子力発電と実験，南・東南アジアの森林伐採，北・中央アジアにおけ
る地下資源開発などが挙げられる．また，環境汚染や開発により，日本の
「先住民族」（アイヌ）と台湾の「原住民」，中国の「少数民族」，インドの先
住民たちは健康被害に遭うだけではなく，文化や生活基盤さえ喪失しつつあ
る．一方，中国による近隣諸国での資源開発や東アジアからの電子ゴミの流
出にみられるように，アジアは国境をまたがる環境不正義の問題もかかえて
いる（Chuluu, 2023）．

　アジアにおける環境不正義の具体例を1つみてみよう．中国の青海省のウ
ラーン（烏蘭）県に，トンポと呼ばれる自然豊かな山（高さ4633 m）があ
る．現地のモンゴル住民にとって，トンポは毎年祭られる神山である．とこ
ろが，2005年末にある企業がトンポ地域にやってきて，神山の麓でコーク
ス工場を建て始めた．現地の住民は前後4回の反対活動を組織し工場建設を
止めようとしたが，最後には警察に弾圧され，5人が逮捕，起訴されるとい
う始末になった．工場は翌年に始動した（図6.3）．

　この事件をめぐる環境不正義の構造は次の通りである．まず，工場建設に
よって外来の企業が利益を得るが，地元の住民は環境破壊と汚染による被害
に遭うだけになった（分配不正義）．次に，トンポ山の麓が工場建設の場所
に選ばれた理由は，現地の住民はマイノリティで政治的弱者だからである
（政治的不平等）．第3に，工場建設の可否をめぐって事前に住民の意見を聴
いたり，工場から排出される汚染物の詳細について住民に事前に説明したり

図 6.3　中国青海省のウラーン県に建てられるコークス工場の建設現場. 向こう側にそびえるのは神山トンポである (2006 年).

するプロセスはなかった（手続き的不正義）. 第 4 に, 少数民族であるモンゴル住民の信仰の場が破壊と汚染の対象になった（先住民が被る環境不正義）(Chuluu, 2021). ほかの事例については, さしあたり「環境正義アトラス」(https://ejatlas.org/) を参照されたい.

6.4.3　気候正義

　気候正義（Climate Justice）は, 2000 年代に普及し始めた新しい概念である. 先進国と経済大国が化石燃料を大量に消費することにより, 多くの分量の GHG が大気中に排出された. その結果, 地球温暖化の深刻化と異常気象の増加（以下, 気候変動）がすすみ, その悪影響はこれまで化石燃料をあまり消費してこなかった途上国にも及んだ. 気候正義とはこうした不正義を問題として取り上げ, 是正しようとする考え方や運動を指す.

　気候正義が関わる問題について少し具体的にみてみよう. 気候変動により干ばつや風水害が多発すると, 自然資源に直接依存しながら家畜放牧や農業, 漁業などを生業とする人々が深刻な被害を受ける. そうした被害は, 選択肢の少ない発展途上国に集中しがちである.

　その経済的損失は誰が賠償すべきなのか. 常識的に言えば, もちろん気候変動の原因を作り出してきた先進国と経済大国がその大部分を負担すべきで

あろう．しかし，それは具体的にどのように実現できるのか．また，気候変動には地球規模での対応が必要であるが，対策にかかる負担（経費とGHGの排出量削減など）を先進国・経済大国と途上国との間で均等に分配するのは不公平かつ非現実的である．

　これらの問題は，過去のGHG排出への責任と今後の排出量分配の公正さに関係している．過去の責任の関連で言えば，気候変動をめぐる世代間正義を提起する必要がある．つまり，現世代が快適な生活のために化石燃料を大量に消費すると，未来世代は不当にも気候変動の被害者になるからである．世代間正義を実現するために，現世代は気候変動を緩和する義務を負わなければならない．

　また，分配正義の実現には政治的平等の原則や手続き的正義，ケイパビリティの視点が必要である．このうちケイパビリティとは，インドの経済学者アマルティア・センが提唱した考え方であり，これによれば，分配や平等を考えるときに所得と効用ではなく，その人が「でき得ること」や「なり得るもの」を基準にすべきである（セン，2018）．分配正義をケイパビリティの視点から言えば，たとえば途上国は技術そのほかの相応の能力を備えていなければ，気候変動対策として与えられた自らの役割（配分）を実現することが困難または不可能である．公正な移行も考えないといけない．行き過ぎた脱炭素政策は多くの失業者とそれに伴うさらなる社会的不正義を生みだす危険性をはらんでいる．そのため，たとえばクリーンな公共インフラ投資をはじめさまざまな政策のミックスによる低炭素セクターでの雇用創出が必要であろう．さらに，気候正義を野生動物ひいては自然全体に適用すべきなのかも議論され始めている．

　なお，上記6.4.2項で検討した事例についても気候正義の観点から考えることが可能である．コークス工場から排出されたGHGやそのほかの有害物質は地球変動を助長するものであるのは間違いない．では，企業によるGHGの排出量を削減するようにと，当該企業と政府を裁判所に訴えることは可能だろうか．この類の訴訟は気候訴訟（または気候変動訴訟）と呼ばれ，欧米を中心に近年増加している（コラム6.2）．

　気候訴訟の増加は，気候正義実現のための国際的取り組みが実効性に欠け

るという問題と関係している．気候変動をめぐる国連での議決が参加国に対して具体的な政策を強制できない中，国内の法律を利用して気候変動対策を強化し，気候正義を実現しようとするのが気候訴訟である．持続可能な開発の実現と継続のために，国際と国内のあらゆるレベルでの実効性のある気候変動対策が不可欠である．

コラム 6.2　気候訴訟　　　　　　　　　　　　　　　　　　　　　額定其労

　気候訴訟は近年増えつつある．ロンドン大学の学者らの 2022 年の報告書『気候変動訴訟のグローバル動向』（*Global Trends in Climate Change Litigation*）によると，世界における気候訴訟は，1986 年と 2014 年の間に 800 件，その後 2022 年までの 8 年間には 1200 件が起きている（図 B）．とくに2020 年と 2022 年の間に提起された気候訴訟は，全体数の 25% を占めるほど多い．気候訴訟増加の一因として，気候変動に関する国連での議決は大枠の内容にとどまり，かつ参加国に対して法的拘束力を持たないため，国内の司法を通じて気候変動への対応を促進し，気候変動をめぐる不公正を是正しようとする動きが挙げられる．

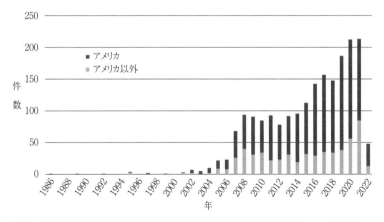

図 B　世界における気候訴訟件数の推移（2022 年 5 月まで）（Setzer and Higham, 2022）

気候訴訟（または気候変動訴訟）とは，気候変動に対する緩和策（GHG
の排出量削減など）や適応策（気候変動の影響に対する適応政策），または
気候変動の科学に関する法的または事実上の問題をめぐり，主に政府と企業
を相手取って提起される訴訟の総称である．広義には，裁判所にではなく，
特定の行政機関に提起される類似の訴えも気候訴訟に含まれる．気候訴訟の
原告には企業や自治体もあれば（多くは発電場の許認可をめぐる訴訟），個
人やNGOもいる．個人やNGOが起こした気候訴訟の中では，気候変動が
もたらす悪影響は人権への侵害だとして気候変動対策の強化を求める訴訟が
最も多い．

　気候訴訟の歴史の中でいちばん有名な案件は，オランダのアージェンダ訴
訟であろう．同案件では，環境NGOアージェンダ（Urgenda: Urgentと
Agendaの組み合わせによる造語）と数百人の市民が共同でオランダ政府を
相手取り，オランダの2020年のGHG削減目標を従来の20%から25-40%
（1990年比）まで引き上げることを求めてハーグ地方裁判所に民事訴訟を提
起した（2013年）．同訴訟では，原告側はオランダの最高裁判所まで勝ち続
け（2019年），オランダ政府は2020年のGHG削減目標を25%（1990年比）
にするように裁判所に命じられた．アージェンダ案件は気候訴訟の成功例と
して語られることが多い．

　一方，日本では今まで計4件の市民が提起した気候訴訟が起きている．仙
台パワーステーション発電所の操業差止訴訟（民事，2017年）と神戸製鉄
所火力発電所の操業差止訴訟（民事，2018年），同発電所の環境影響評価書
確定通知取消等請求訴訟（行政，2018年），横須賀石炭火力発電所の環境影
響評価書確定通知取消等請求訴訟（行政，2019年）の4件である．民事訴
訟では，原告側は，CO_2の大量排出による大気汚染と地球温暖化は人権侵害
に当たると主張している．一方の行政訴訟では，国による環境影響評価（環
境アセスメント）ではCO_2と大気汚染物質の排出が十分に検証されていな
いと原告側に問題視されている．

　日本における気候訴訟のうち，仙台パワーステーション差止訴訟と神戸製
鉄所火力発電所の取消等訴訟はそれぞれ二審（2021年）と最高裁判所（2023
年）まで続いたが，いずれも原告側の敗訴で終結した．一方，神戸製鉄所火
力発電所の差止訴訟では，一審裁判で敗れた原告側は2023年に大阪高等裁
判所に控訴を提起した．横須賀石炭火力発電所の取消等訴訟でも原告側が一
審裁判で敗訴したが，同じく2023年に東京高等裁判所に控訴が提起された．

コラム 6.3　気候市民会議　　　　　　　　　　　　　　三上直之

　パリ協定以降の気候変動対策をめぐる政策・政治において注目すべき動向の 1 つは，2019 年ごろから「気候市民会議」(climate assembly) が欧州の国や自治体で相次いで開かれていることである．気候市民会議とは，年代やジェンダー，居住地域などが社会全体の縮図となるように一般から無作為に選出された数十人から百数十人の参加者が，バランスのとれた情報提供を受けて参加者主体で熟議し，その結果を政策提言などの形で取りまとめ，国や自治体の気候政策に活用する市民参加の方法である．

　社会の縮図を作って議論する市民会議の手法そのものは 1970 年代に欧米で考案され，1990 年代ごろからは日本を含む世界各地で用いられてきた．一般の人々による話し合いを中心に据えて民主主義を捉える熟議民主主義の考え方を具体化する仕組みとして，「ミニパブリックス」と総称される．気候市民会議は，このミニパブリックスを，気候変動対策，とくに GHG の排出削減の方策を議論するために本格的に応用したものである．

　フランスでは 2019 年 10 月から 20 年 6 月にかけて，政府が全国規模で気候市民会議を行った．燃料税の引き上げに対する反発を発端として「黄色いベスト」運動と呼ばれる大規模なデモが各地に広がったのを受け，気候変動対策にも本格的な市民参加の必要性が叫ばれるようになり，それを受けてマクロン大統領が開催を決めた．全国から無作為に選ばれた参加者 150 人が，計 7 回の週末にパリに集まって会議を重ね，消費や労働・生産，移動，住宅，食などのテーマにわたる 149 項目もの政策提言がまとまった．提言を受けた政府は「気候変動とレジリエンス強化に関する法案」を国会に提出し，審議の末，2021 年 7 月に可決された．法律には，製品やサービスへの排出スコアの表示義務や，大規模ビルの新築や増改築にあたっての太陽光パネルの設置などの義務化，2 時間半未満の鉄道路線による代替が可能な国内フライトの禁止などの新しいルールが盛り込まれた．

　西欧の大半の国で，すでに国レベルの気候市民会議が実施され，自治体レベルではイギリスやドイツ，フランスなどを中心にさらに多数の会議が開催されている．ベルギーのブリュッセル首都圏地域では 2023 年 2 月に常設型の気候市民会議まで登場した．

　数年に一度の選挙にしばられる政治家は，限られた地域の短期的な問題に

集中せざるをえず，得票につながりにくい気候変動問題は，既存の代議制民主主義において後回しにされがちである．従来の政治は，気候変動対策を遅らせようとする利害に強く影響を受け，人々が潜在的に抱く気候変動への危機感は十分に代弁されてこなかった．気候市民会議の相次ぐ開催の背景には，人々が直接参加して熟議する機会を増やし，ガバナンスにおける市民の役割を拡大する「民主主義のイノベーション」を同時に起こさなければ，脱炭素社会への転換のような全体的な転換は実現しえない，という認識の広がりがある．Fridays For Future の若者たちを始めとする，徹底した気候変動対策を求める市民社会の運動も，欧州においては気候市民会議の開催を後押ししている．

　欧州での動きを参考にして，日本でも気候市民会議を開く動きが出てきている．2020 年に札幌市，21 年に川崎市で研究者グループや NPO などが行政機関と協働して会議を開いたのを受け，22-23 年度だけで関東地方を中心とする 10 以上の地域で，自治体が公式に主催する形で気候市民会議が行われた．無作為に選ばれた数十人の市民が，排出実質ゼロの目標を達成するための方策を議論して提言をまとめ，それが各自治体での気候変動対策の策定や実行に活用され始めている．

　脱炭素社会への移行のためには，人々の生活や生産のあらゆる側面にわたる取り組みと，それを支える社会的合意が欠かせない．IPCC の第 6 次評価報告書でも強調された通り，包摂的なガバナンスのプロセスは効果的な気候変動対策の鍵である（AR6 統合報告書 SPM C.6）．国内外で広がる気候市民会議は，そうしたガバナンスの改革に向けた実質的な効果を生み出すことができるのか．次に問われるのは，この波がもたらす構造的なインパクトである．

6章　引用・参考文献

Arrow, K. J. *et al.* (1996) Intertemporal equity, discounting and economic efficiency. In: *Climate Change 1995: Economic and Social Dimensions of Climate Change*, Second Assessment of the Intergovernmental Panel on Climate Change.

Chuluu, K. E. (2021) The Tongpo case: Indigenous institutions and environmental justice in China. *Critical Asian Studies*, **53**(1), 109-125. doi: 10.1080/14672715.2020.1854616

Chuluu, K. E. (2023) Environmental justice in Asia. In: Brinkmann, R. (eds), *The Palgrave Handbook of Global Sustainability*, Palgrave Macmillan, Cham., 1107-1119. https://doi.org/10.1007/978-3-031-01949-4_76

Dubash, N. K. *et al.* (2022) National and sub-national policies and institutions. In: IPCC (2022) *Climate Change 2022: Mitigation of Climate Change. Contribution of Working Group III to the Sixth Assessment Report of the Intergovernmental Panel on Climate Change* [Shukla, P. R. *et al.* (eds.)] Cambridge University Press, Cambridge and New York. doi: 10.1017/9781009157926.015

Geels, F. W. (2002) Technological transitions as evolutionary reconfiguration processes: A multi-level perspective and a case-study. *Research Policy*, **31**(8), 1257-1274.

Geels, F. W. (2011) The multi-level perspective on sustainability transitions: Responses to seven criticisms. *Environmental Innovation and Societal Transitions*, **1**(1), 24-40.

Hardin, G. (1968) The Tragedy of the Commons. *Science*, **162**(3859), 1243-1248.

Polasky, S. and Dampha, N. K. (2021) Discounting and Global Environmental Change. *Ann. Rev. Environ. Resources*, **46**, 691-717.

Rennert, K. *et al.* (2022) Comprehensive evidence implies a higher social cost of CO_2. *Nature*, **610**, 687-692.

Setzer, J. and C. Higham (2022) *Global Trends in Climate Change Litigation: 2022 Snapshot*, London: Grantham Research Institute on Climate Change and the Environment and Centre for Climate Change Economics and Policy, London School of Economics and Political Science.

伊藤隆敏 (2017) 公共政策入門——ミクロ経済的アプローチ, 日本評論社.

宇佐美 誠 (2019) 気候正義：地球温暖化に立ち向かう規範理論, 勁草書房.

カーソン, R. (1974) 沈黙の春 (青樹簗一訳), 新潮文庫.（原著 Carson, R. (1962) *Silent Spring*, Houghton Mifflin)

栗山浩一・馬奈木俊介 (2020) 環境経済学をつかむ 第4版, 有斐閣.

佐藤 仁 (2011)「持たざる国」の資源論, 東京大学出版会.

佐藤 仁 (2019) 反転する環境国家——「持続可能性の罠」をこえて, 名古屋大学出版会.

シュレーダー＝フレチェット, K. (2022) 環境正義——平等とデモクラシーの倫理学（奥田太郎ほか訳）, 勁草書房.

セン, A. (2018) 不平等の再検討——潜在能力と自由（池本幸生ほか訳）, 岩波書店.

陳奕均ほか (2022) 日本における持続可能性移行 (サステナビリティ・トランジション) 研究の現況と今後の展望. 環境経済・政策研究, 15(2), 1-11. https://doi.org/10.14927/reeps.15.2_1

メドウズ, D. H. ほか (1972) 成長の限界——ローマ・クラブ「人類の危機」レポート（大来佐武郎監訳）, ダイヤモンド社.

7 わたしたちに何ができるか?

江守正多

7.1 個人の変化とシステムの変化

前章まででみてきたように,気候変動問題は地球規模で長期的な問題である.そのため,個人が行動することにより解決に貢献できるという自己効力感を持つことが,一般に難しい.

たとえば,日本の CO_2 排出量は世界の 3% 程度であるので,日本の排出量をいくら減らしても,世界全体でみると大きな効果はないと考えてしまいがちである.さらに,自分の生活から排出する CO_2 をいくら減らしても,日本の排出量を減らすことに対してすらほとんど無力であるように感じる.

このような認識を前提としたとき,わたしたちにできることは何だろうか.

7.1.1 個人の変化

5.3.1 項でみたように,人々のライフスタイルの変化により温室効果ガス (GHG: Greenhouse Gas) の排出量を削減するポテンシャルはそれなりに存在する.つまり,大きすぎない省エネ住宅に住み,冷暖房を過度に使わず,移動はなるべく公共交通機関や自転車を活用し,牛肉を食べる量を減らすなどである.

すべての人がこのような「低炭素型ライフスタイル」を選択すれば,排出削減には効果がある.しかし,おそらく現状の日本では,このようなライフスタイルを選ぼうとするのは環境問題に関心がある一部の人たちだけである.そのような人たちを増やすために普及啓発や教育も行われているが,社会の

大部分の人たちが自発的にそのような選択をすることは，残念ながら少なくともすぐには起きそうにない．

　本書をここまで読んだあなたは，気候変動問題に関心を持っていて，自分はそれでも低炭素型ライフスタイルで生活したいと思っているかもしれないし，あるいは自分だけがそうしても意味がないと思っているかもしれない．

7.1.2　責任は個人にある？

　環境問題に関心を持った人が低炭素型ライフスタイルを選択したいと思うのは自然なことであるが，一方で，そのような考えは「仕向けられた」ものだという見方がある．

　個人の生活に関連して排出される CO_2 の大きさを表す，個人のカーボンフットプリント（carbon footprint）という考え方は，石油メジャーのBPが宣伝したことがきっかけで社会に広まった．批判者たちはこれを，「排出の責任は個人にある」という考えを強調し，企業の責任から人々の意識をそらすための戦略的なコミュニケーションだったと主張している[1]．

　この批判に同調するかどうかは措くとしても，人々が個人の変化だけに意識を集中させることに問題があるのは確かだろう．環境問題に関心のある個人が，環境に配慮した生活を送ると，「自分にできることは十分やった」といい気分になって満足してしまうかもしれない．あるいは，環境に配慮しない生活を送っている他人を非難したい気持ちになるかもしれない．それらはいずれも望ましい変化とは言い難い．

　それに，個人の変化の効果にはもちろん限界がある．たとえば2020年に新型コロナウイルスの世界的な感染拡大により，各国で移動などの活動が大幅に制限されたが，同年の世界の CO_2 排出量は前年比6％程度の減少でしかなかった（Liu *et al.*, 2022）．同年には「何もせずどこにも行かなかった」という感覚の人が多いと思うが，それでたった6％しか減らなかったという事実は，個人の活動を抑制することによってGHGの排出を減らすのがいかに難しいかを示している．

---

[1]　https://www.theguardian.com/commentisfree/2021/aug/23/big-oil-coined-carbon-footprints-to-blame-us-for-their-greed-keep-them-on-the-hook

図 7.1 "System Change, not Climate Change"(https://
www.2050.scot/blog/blog/2019/09/05/acting-call-
systems-change-not-climate-change)

7.1.3 システムの変化

　このように「個人の変化」には限界があるという認識に伴い，気候変動問題を真剣に考える人たちの間では「システムの変化」を起こすという考えが主流になってきている．それを象徴する "System Change, not Climate Change" というスローガンが，2014 年ごろから気候活動家などの間でよく使われるようになってきた（図 7.1）.

　「システムの変化」とは，簡単に言い換えれば「社会の仕組みの変化」のことである（コラム 6.1）. しかし，それは具体的には何を意味するのだろうか. その答えは自明ではなく，脱炭素，脱成長，脱資本主義など，異なるいくつかの深さの変化を意味し得るだろう.

　「脱炭素」を即物的な意味で目指すことを考えると，必要な変化は主にエネルギーや交通，建築などの分野における技術・インフラ・産業の変化，それらを誘導するための規制や税制などのルールの変化であり，これが「システムの変化」に相当するだろう. これは本質的に（CO_2 回収・貯留技術（CCS: Carbon dioxide Capture and Storage; 5.5 節）を伴う部分を除いて）「脱化石燃料」を意味しており，現状の世界が 1 次エネルギーの約 8 割を化

石燃料に依存していることを考えれば，十分に大胆な構想といえる．

　しかし，それだけでは足りないと考える人たちもいる．世界中で経済活動が成長し続けることを前提にすると，いかに技術を急いで入れ替えても脱炭素を達成するのは難しくなる．とくに先進国富裕層の過剰消費（たとえば地位を誇示するためのステータス消費）のせいで世界の脱炭素化が困難になり，ほとんど GHG を排出していない低所得国の人や将来世代などが気候変動の被害を受けるのは犯罪的と言えるかもしれない．このような認識に基づき，とくに先進国において生活に必要性の低い経済活動を計画的に縮小すべきという「脱成長」の考え方が出てきている（コラム 1.2）．この考え方は，経済成長を前提に脱炭素を実現する考え方に比べて，一段階深い「システムの変化」を要請する．さらに，脱成長の社会が成立するためには，現状の資本主義経済システム自体を作り変える必要があるという「脱資本主義」が要請されるかもしれない．

　どのような「システムの変化」の構想を支持するかは，人々の持つ知識のみならず，価値観や世界観（あるいはコラム 1.2 の「フレーミング」）によって異なるだろう．もしあなたが経済成長を前提とした脱炭素を支持するならば，「脱成長」を支持する人のことが過激な理想主義者にみえるかもしれない．逆に，もしあなたが「脱成長」を支持するならば，その必要性を理解しない人は危機感が足りず生ぬるいと思うかもしれない．その間で議論を闘わせることも重要だが，共通して目指せる部分において，協力してシステムの変化を後押しすることもできるだろう．

7.1.4　システムの変化は起き得るのか？

　しかし，そのような大胆なシステムの変化は，現実に起き得るものなのだろうか．実際に起きるかどうかは，現時点では言ってみれば誰にもわからない．しかし，われわれは過去に起きた社会の変化を参考にすることができる．

　ひとつには，脱炭素のシステム変化は，18 世紀に始まった産業革命や，現在進行中の「デジタル革命」と似た側面を持っているとみることができるだろう．これらのシステム変化は，技術のイノベーションによって引き起こされた．再生可能エネルギーや蓄電池のさらなる低コスト化や今後の次世代

技術の実用化は，デジタル技術の進展とも組み合わさり，脱炭素化のシステム変化の少なくとも一部を担い，加速する要素となることが期待される．

　一方で，人類の歴史の中では，奴隷制度廃止，脱植民地化，女性の参政権獲得，アメリカ公民権運動の成功，南アフリカのアパルトヘイト廃止といった種類のシステム変化も起きた．これらは，人権侵害を受けていた人々が変化を求めて声を上げ，変化がなしとげられた事例である．「気候正義」（6.4.3項）の観点からは，排出が少ないのに深刻な被害を受ける低所得国等の社会的弱者や先住民族，そして将来世代にとって，気候変動の対策が不十分であることは人権侵害とみなし得ることから，気候変動対策に必要なシステム変化をこれらの事例と重ねる見方もできる．

　アメリカの政治学者エリカ・チェノウェスは，過去に起きた社会の大きな変化の事例を網羅的に調べた結果，3.5% 以上の国民が参加する非暴力の抗議運動が起きると，必ず変化がもたらされてきたことを見出した（Chenoweth and Stephan, 2012; Chenoweth, 2013）．この「3.5% ルール」と呼ばれる経験則は，気候変動問題においてもシステムの変化を求めて声を上げる人たちを勇気づける知見として知られている（ただし，チェノウェスの研究は主に独裁国家を対象としており，自由民主主義国家や世界規模の変化に適用できるかは不明である点に注意が要る）．

7.1.5　個人の変化かシステムの変化か？

　このような考察を経た気候変動問題に関心がある人たちの間で，「個人の変化とシステムの変化はどちらが大事か」という議論になることがある．さまざまな議論が可能であろうが，便宜的な答えは「両方とも大事」でよいと思われる．

　いみじくも，スウェーデンの環境活動家グレタ・トゥーンベリさんは，初期のスピーチの中で以下のように述べている（Thunberg, 2019）．

We need a system change rather than individual change. But you cannot have one without the other.

　この言葉の意味を考えてみよう．最終的に，何らかのシステムの変化が必要であることは間違いない（どのレベルの変化が必要と考えるかは議論の余

地があるとしても）．しかし，気候変動問題に強い関心を持ちシステムの変化を求める人々が個人の変化（低炭素型ライフスタイルの選択）を率先して起こすことは，自らの生活を主張と一貫させるという意味がある．あるいは，まず個人の変化を起こしてみた結果として，システムの変化の必要性に気づく人たちも現れるだろう．そのような人たちが多く現れることが，システムの変化を後押しする．これらの意味で，個人の変化はシステムの変化のある種の前提として作用すると言える．

　そして，ひとたびシステムの変化が起きれば，気候変動問題に関心を持たなかった大勢の人たちにも必然的に個人の変化（低炭素型ライフスタイルへの移行）が生じる，あるいはそれが新たな社会の常識となる．たとえば，省エネ住宅が義務化されれば，いずれは誰もが省エネ住宅に住み，冷暖房を過剰に使わなくなるのだ．つまり，社会の大多数の人たちのライフスタイルが変わるには，システムの変化が必要なのである．

7.1.6　日本人は後ろ向き？

　ここで日本人の特徴を少しみておきたい．2015 年に世界でいっせいに行われた「世界市民会議（World Wide Views）」という社会調査で（科学技術振興機構, 2015），日本人の回答が世界平均と比べて際立って特徴的な傾向を示していた問いが 2 つあった．1 つは「あなたは，気候変動の影響をどれくらい心配していますか？」という問いに対して，「とても心配している」という回答が世界平均は 79%，日本は 44% であった．最近の同様の国際調査でも，日本人の気候変動リスク認知が低い傾向は一貫してみられている．

　もう 1 つは「あなたにとって，気候変動対策は，どのようなものですか？」という問いに対して，「生活の質を高める」という回答が世界平均は 66%，日本は 17%，「生活の質を脅かす」という回答が世界平均は 27%，日本は 60% と，ほぼ逆転傾向にあった．つまり，気候変動対策をするほど生活がよくなると考える人が世界には多いのに対して，生活が悪くなると考える人が日本には多いようだ．

　想像すると，日本人の多くは，気候変動対策とは我慢すること（エアコンをつけるのを我慢する，車に乗るのを我慢するなど），負担すること（環境

によい商品やサービスは高額である），便利さや快適さを犠牲にすること，といった後ろ向きのイメージを持っていると思われる．おそらくこれらは「個人の変化」のイメージから来ており，日本人の多くが「システムの変化」の発想を持てていないことの表れでもあるようにみえる．

　日本国内において気候変動問題について考える際には，これらの特徴に若干の留意が必要かもしれない．

7.2　では，わたしたちにできることは何か？

　前節の議論を踏まえた上で，ここからは「わたしたちに何ができるか？」の答えをより具体的に考えていこう．ただし，本書の読者は属性も価値観も多様であろうから，ここでの答えにはさまざまなアプローチが含まれる．

　あなたはもしかしたら気候変動によって自分や大切な人の命や生活が脅かされる危機を感じ，あるいは原因に責任がないのに深刻な被害を受ける人たちのことを想像して強い憤り（と自分が加害者側にいることに対する自責の念）を感じ，自分の存在をかけて既存のシステムに対して抗議の声を上げたいと考えているかもしれない．

　あるいはあなたは，そのような急進的な考え方には共感ができず，むしろひいてしまうタイプであり，より対立を生まないやり方でシステムをうまく変えていきたいと考えているかもしれない．

　あなたがどちらであったとしても，あるいはさらに別の考え方だったとしても，あなたが「わたしにできること」，「わたしがすべきこと」を自分で考える上でヒントになりそうなことを挙げていきたい．

7.2.1　知る，考える

　本書をここまで読み進めたあなたは，気候変動問題についての幅広い知識の基盤をすでに手に入れている．しかし，気候変動に関連する個々の分野の知見はさらに奥深く，また，気候変動問題は現在進行形であるため，とくに影響や対策については常に最新の知見が更新されていく．

　そのため，気候変動問題に関心を持ったあなたには，常に知見を深め，ア

ップデートしていってほしい．気候変動問題についての最新のニュース記事をフォローしたり，気候変動関連の発信をしているSNSアカウントをフォローすることは有効な手段である．SNSで案内を見つけたウェビナーなどに参加してみるのもよい．

　ただし，日本のニュース記事は「ガラパゴス化」している部分がある可能性があるため，海外の記事もできるだけみにいくようにしたい．興味を持った記事に学術論文が引用してあれば，元論文を読みにいくことによってさらに知見は深まる（あなたが大学生や大学院生であるなら，とくにこれをお勧めしたい）．

　また，SNSのアカウントは主張の似通った「クラスター」に分かれていることが多いことにも注意しよう．SNSでは，つい自分と考え方の近いアカウントばかりをフォローしがちであるが，それはあなたが「フィルターバブル」や「エコーチェンバー」と呼ばれる，同質の心地よい意見に包まれた空間に安住してしまうことを意味する．あえて自分と異なる考え方のアカウントをフォローして多様な意見に触れることで，あなたの思考の幅は広がるだろう．

　多様な意見に触れながら，自分自身の意見を鍛えよう．たとえば，脱炭素を目指すことを前提にしたとしても，原子力発電を活用すべきか否か，脱成長を目指すべきか否かなど，人々の意見が分かれる難しい問題がいくつもある．それらについて自分の意見を持ったら，自分はなぜそう思うのか，違う意見の人はなぜそう思うのかを考え，自分の意見に自分が納得し続けられるかどうかを批判的に検討しよう．根拠があいまいだと思ったら深く調べよう．そのように思考を深めることによって，あなたの意見の質は高まっていくだろう．

7.2.2　気候政策を支持する

　法律などのルールが変わることは，システム変化の本質的な要素である．そして日本は民主主義国であるから，あなたの意見はルールの変化に影響を与えることができる．もちろんあなた1人の与えられる影響は小さいが，少しでも多くの人が気候政策（6.2節）を支持することによって，政策の導入

を後押しすることができる.

政策の支持を表明する機会はあまりないと思うかもしれないが,たとえば気候変動関連の SNS をフォローしているとオンライン署名がまわってくることがある.趣旨に賛同できると判断したら署名してみよう.あるいは,もしも世論調査の対象に選ばれたら気候政策を支持する方向で回答することができる.また,友人や家族との会話で気候変動や気候政策の話をしてみるだけでも,あなたの意見はあなたの周囲に少しずつ広がっていくかもしれない.

より積極的な手段としては,国や自治体の政策案に対して市民の意見を募集する「パブリックコメント」の機会を見つけて,政策案を読んでコメントを送ることもできる.また,自治体の議員や地元選出の国会議員などに意見を届けることも,その気になればできることである.

たとえば,2022 年 6 月に国会で成立した「改正建築物省エネ法」は,市民の後押しによって成立した(少なくとも,成立が早まった)と考えられる.このときの国会で,この法案は審議日程等の関係で先送りにされる見込みだった.それに対して,省エネルギー建築の専門家や市民が審議を求める署名運動を始め,市民は地元の議員に話しにいったり専門家の説明を聞いてもらう機会を作ったりした.結果として,法案は審議にまわり,速やかに成立した.これによって,2025 年以降の新築の建築物に省エネルギー基準適合が義務化される等の重要なシステム変化が生じたのだ.

7.2.3 選択する

わたしたちは消費者として,商品やサービスを選択することができる.たとえば,家電などを購入するときに省エネルギー性能が高いものを選んだり,気候変動よりも広い観点からは,持続可能性に配慮して生産されたことを示す FSC 認証(森林からの生産品),MSC 認証(水産物),RSPO 認証(パーム油)などのラベルのついた商品を選ぶことができる(6.2.2 項).また,肉を食べたいときに「大豆ミート」のような植物性の代替肉を選ぶ手もあるだろう.

これらの選択は,「個人の変化」として認識されることが多いだろうが,少しでも多くの人がこのような選択をすることによって,そのような商品に

需要があるというシグナルが市場に送られ，流通や生産の側にも影響を及ぼす形で，より大きな「システムを変える」ことを促す行動と認識することができる．

　この見方は非常に重要である．たとえば，家庭の電気の契約を再生可能エネルギー 100% のプランに切り替えることは，脱炭素社会を目指す上で好ましい個人の選択だが，よく考えると，自分が再生可能エネルギー 100% の電気を使うようになった瞬間に日本の（世界の）CO_2 排出量が減るわけではない．自分がそれまで使っていた「再生可能エネルギーでない電気」を別の誰かが使っているはずだからだ．それはまるで「自分の庭先だけきれいにする」行為にもみえる．しかし，少しでも多くの人が再生可能エネルギーを選択することによって，需要シグナルが市場に送られれば，再生可能エネルギーの導入を後押しすることにつながるだろう．

　まったく別の場面だが，選挙における投票行動も，似たような性質を持った選択といえる．日本では気候変動が選挙の重要な争点になることが今のところないが，世界では 2019 年の EU 議会選挙で緑の党が躍進したり，2022 年のオーストラリアの選挙で労働党が政権交代を果たしたりといった場面で，気候変動問題が「政治の選択」に大きな影響を与えている．

　日本においても，少しでも多くの人が気候変動問題に注目して投票することによって，気候変動対策に積極的な候補者に票が集まる傾向が見出されるようになれば，それがシグナルとして伝わり，政治家の気候変動問題への態度に影響を及ぼすかもしれない．

　同様に，次項の「ビジネス」ともつながるが，あなたが学生であれば，「就職先の選択」が待っている．多くの学生が気候変動対策に積極的な企業を就職先として選択すれば，就職活動市場にシグナルが送られ，企業の姿勢に影響を及ぼしうる．そもそも，気候変動リスクに鈍感な企業に就職することはあなた自身にとってのリスクになるので，就職活動では当然，企業の気候変動問題への姿勢を考慮した方がよいだろう．

　また，「お金の使い方の選択」という意味では，自分が共感できる活動を行っている環境 NGO や，プロジェクトのクラウドファンディングに寄付をすることを通じても，社会に影響を与えることができるだろう．

7.2.4　ビジネスを動かす

　ビジネスもシステムの変化における重要な要素である．近年ではすでに，ESG（Environment, Social, Governance）投資，TCFD（Task Force on Climate-related Financial Disclosures；現在は ISSB が継承）など（6.3.4 項）の形で，国際的に投資や金融のシステム変化が起き始めており，日本においてもとくに大企業は投融資の条件を有利にすることだけを考えても気候変動対策に取り組むことが標準になりつつある．また，大企業の取引先（サプライチェーン）に位置する中小企業も，この影響で気候変動対策に取り組むところが増えてきている．

　前項の「選択する」の延長になるが，個人がこれをさらに後押しする方法として，どの企業が気候変動対策に真剣に取り組んでいるかを自分なりに評価して，そのような企業の商品やサービスを選択することが考えられる．ただし，企業が表面的な取り組みをアピールして真剣に取り組んでいる印象を与えようとする「グリーンウォッシュ」を注意深く見極める必要があるだろう．

　また，個人として預金の預け先を選んだり（気候変動対策が不十分な銀行に対して批判の意味で預金を引き揚げれば「ダイベストメント」になる），株式を購入する手もある．実際に，2020 年に気候変動問題に関心を持つ大学生がある銀行の株式を購入して，株主総会で気候変動対策について質問したことがある．このように，株主や顧客として企業に関与して質問をしたり意見を言う「エンゲージメント」は個人でもその気になればできる．

　もし今後あなたが企業に勤めるならば（あるいはすでに企業に勤めているならば），企業を中から変えるように行動することも可能だろう．気候変動の解決策になるような新規事業を提案したり，社内ベンチャーを立ち上げることもできるかもしれない．あるいは，企業活動の脱炭素化（脱炭素化経営）の取り組みを提案したり，そのような取り組みがすでにあれば積極的に参加するのもよいだろう．

　もしくは，革新的な技術やサービスのアイデアを武器に起業を目指すこともできる．「気候テック」は，スタートアップの領域として世界的に注目を

集めており，たとえばマイクロソフト創業者のビル・ゲイツ氏も大規模な投資を行っている．東京大学の起業家支援プログラム FoundX でも気候テックを対象とした支援を行っている[2]．

7.2.5　もっと声を上げる

　もしもあなたが気候変動への強い危機感とシステムの変化の必要性をもっと直接的に社会に訴えたいと思っているならば，言うまでもなく，その参考になるのはスウェーデンの環境活動家グレタ・トゥーンベリさんだろう．2018 年に当時高校生だったグレタさんは，毎週金曜日に学校を休んで 1 人でスウェーデン議会の前に座り込み，気候変動対策を求める「学校ストライキ」を始めた．その行動に共感する若者が世界中に現れ，Fridays For Future というムーブメントが起きた．

　日本でも Fridays For Future やそこから派生した形で活動する若者たちがいるが，その規模は小さい．たとえば，2019 年 9 月に世界でいっせいに行われた「気候ストライキ」の参加者数は，ドイツで約 140 万人，英国やオーストラリアで各約 30 万人などと推定されるが，日本では約 5 千人であった．

　日本では，デモのような形で主張を訴えることが一般的な政治参加の手法の 1 つであるという認識が乏しく，このような行動に共感が広がりにくい．しかし，もしもあなたが Fridays For Future などに強く共感するのであれば，行動に参加し，誰に対してどのような形でどんな主張を届けるのがよいかを仲間と一緒に考え，一緒に声を上げるのもよいだろう．

　もしもあなたがそのような行動にあまり共感できない場合でも，システム変化の必要性の認識を程度の差こそあれ共有するのであれば，彼らを冷ややかにみるのではなく，やり方は違うが同じ方向性を目指す者として彼らを認識することができるかもしれない．「システムの変化は起き得るのか？」の項（7.1.4 項）で述べたような奴隷制度廃止などの人類史上の大きな変化も，最初は少数の人たちの抗議運動から始まったことを想像してみよう．

---

[2]　https://foundx.jp/climate/

7.2.6 研究する

　最後に，もしあなたが学生であるなら（あるいはすでに大学や研究機関や企業の研究者であるなら），研究を通じて気候変動問題に取り組むことができることを強調しておきたい．

　本書でみてきたように，気候変動問題に関わる研究は多岐にわたる．気候変動のメカニズムや将来見通しをさらに詳細に明らかにしたり，気候変動によって生じる生態系や人間社会のさまざまな分野にわたる影響を深掘りして調べることによって，人々の気候変動リスクの認識に影響を与えることもできるし，効果の高い適応策を提案して多くの人の命や生活を守ることもできるかもしれない．気候変動対策の社会経済的な制度を研究して提案したり，新しい対策技術の研究開発に成功して，社会にイノベーションを起こせるかもしれない．あるいは，気候変動と人間社会の関係を文化などの観点から批判的に捉えなおし，より深い議論を巻き起こせるかもしれない．

　あなたが学生の場合，プロの研究者になるためには多少の時間とトレーニングが必要になり，そうしている間にも気候変動は進んでしまうので，この道は多少遠回りと言えるかもしれない．しかし，人類が現在直面する最大の課題の1つである気候変動問題に対して，世界中の専門家と議論したり協力したりしながら，自分自身も1人の専門家として関与することは，あなたの人生をこの上なくエキサイティングで充実したものにするだろう．

　東京大学「気候と社会連携研究機構」では，他の大学や研究機関とも連携し，気候変動問題に関わるほとんどすべての分野をカバーする第一線の研究者たちが，あなたが「研究」を通じて気候変動問題に向き合う道を選択することをお待ちしている．

7章　引用・参考文献

Chenoweth, E. and Stephan, M. J. (2012) *Why Civil Resistance Works: The Strategic Logic of Nonviolent Conflict*, Columbia University Press.

Chenoweth, E. (2013) The success of nonviolent civil resistance, TEDxBoulder (YouTube). https://www.youtube.com/watch?v=YJSehRlU34w

Liu, Z. *et al.* (2022) Global patterns of daily CO_2 emissions reductions in the first year of

COVID-19. *Nature Geoscience*, **15**, 615–620. https://doi.org/10.1038/s41561-022-00965-8

Thunberg, G.（2019）Speech at Brilliant Minds conference in Stockholm（YouTube）. https://www.youtube.com/watch?v=DQWMDWWYVz4

科学技術振興機構（2015）World Wide Views on Climate and Energy 世界市民会議「気候変動とエネルギー」開催報告書. https://www.jst.go.jp/sis/scienceinsociety/investigation/items/wwv-result_20150709.pdf

謝辞

　本書作成にあたっては，以下の方々のご協力や貴重なご意見をいただきました．記して心から感謝申し上げます．

　1章図1.1～図1.11の作成にあたっては，村田 亮氏，津田和樹氏，佐野太一氏の協力を得ました．1.5節については，気象庁気象研究所の渡辺泰士氏よりご意見を頂戴しました．

　4.1節には，東京大学工学部社会基盤学科2022年度冬学期少人数セミナー「気候変動影響評価を体系的に理解する」の成果物を利用しました．同セミナー参加者一同（味田村俊氏，吉川晴矢氏，余田奈穂氏，庄司 健氏，石川悠生氏，Qiang Guo氏，Anh Cao氏）に感謝します．

　5章の再生可能エネルギーに関する節については，国立環境研究所の小野寺弘晃氏に校閲をご協力いただきました．

　富田凜太郎氏には，本書全体にわたり校正・校閲にご協力いただきました．

　その他，ご寄稿いただいた皆様方に深く感謝いたします．

　また，東京大学出版会編集部の小松美加氏には，企画段階から懇切丁寧に相談に乗っていただき，内容の吟味，章構成，表現の工夫からカバーデザインにいたるまでご尽力をいただき，丁寧な校閲もしてくださったおかげで，こうして出版にこぎつけられました．改めて深く感謝申し上げます．

東京大学 気候と社会連携研究機構　執筆者一同

より深く学ぶために——Further Readings

● 1章

スペンサー・R・ワート著，増田耕一・熊井ひろ美訳（2005）温暖化の〈発見〉とは何か，みすず書房.

> 20世紀後半以降，地球温暖化がどのように世界的な問題として認識されるようになったかをエキサイティングに解説する科学史の好著.

グレタ・トゥーンベリ編著，東郷えりか訳（2022）気候変動と環境危機——いま私たちにできること，河出書房新社.

> 一人で始めた気候変動対策の推進を訴える運動が，Fridays For Future として国連も巻き込む世界的な動きになった．その先導者として有名なグレタ・トゥーンベリ氏編著の気候変動の課題と持続可能な解決策の集大成.

アンドリュー・E・デスラー著，神沢 博監訳，石本美智訳（2023）現代気候変動入門——地球温暖化のメカニズムから政策まで，名古屋大学出版会.

> 気候科学者による包括的な教科書．気候科学に重きが置かれるが，影響，適応，緩和，政策から政治の小史まで非常にバランスよく扱われている．著者が米国の研究者であるため，政策や政治などの事例が米国に偏っている点はいたしかたないが注意が必要である.

● 3章

木本昌秀著（2017）「異常気象」の考え方，朝倉書店.

> 地球温暖化にとどまらない，気候変動や異常気象が起こる仕組みを解説した気象学・気候科学の第一人者による教科書．理系学生向け.

真鍋叔郎・アンソニー・J・ブロッコリー著，増田耕一・阿部彩子監訳，宮本寿代訳（2022）地球温暖化はなぜ起こるのか——気候モデルで探る 過去・現在・未来の地球，講談社ブルーバックス.

> ノーベル物理学賞を受賞した地球温暖化研究のパイオニアが平易に解説する温暖化の科学的メカニズム．文系学生や初学者向け.

● 4 章

肱岡靖明著（2021）気候変動への「適応」を考える——不確実な未来への備え，丸善.
　　「適応」の解説や国内外の対策の具体例を述べ，また気候変動適応を念頭においた新たな都市開発やビジネス例なども紹介し，SDGs の描く将来像を示す. 地方自治体や企業で進む「適応」の啓発，施策に役立つ 1 冊.

肱岡靖明編著，根本 緑著（2024）ADAPTATION アダプテーション［適応］——気候危機をサバイバルするための 100 の戦略，山と渓谷社.
　　気候変動への適応策について国内外の事例を含めて解説. 包括的な内容を 100 の項目に整理している. ビジュアルが豊富でイメージが湧きやすい.

沖 大幹（2016）水の未来——グローバルリスクと日本，岩波新書.
　　地球規模の水循環と世界の水資源といった視点から，第 4 章「気候変動と水」では気候システムにおける水循環の役割，気候変動の水を通じた社会への悪影響，その削減のための緩和策などが詳細に解説されている.

宮下 直・瀧本 岳・鈴木 牧・佐野光彦著（2017）生物多様性概論——自然のしくみと社会のとりくみ，朝倉書店.
　　生物多様性の進化や現代における多様性の減少の実態，保全のための生態学理論といった生物多様性の基礎から，森林，沿岸，里山の生態系の保全に向けた社会のとりくみといった応用的内容を概観して学べる入門書.

日本海洋学会編（2017）海の温暖化——変わりゆく海と人間活動の影響，朝倉書店.
　　地球温暖化が進む中，海洋は地球表層圏に蓄積された熱を吸収するとともに，温暖化ガスである二酸化炭素も吸収しており，地球温暖化の進行を和らげている. その一方で，海面上昇，海水温上昇，海洋酸性化など大きな影響も受けている. 地球温暖化と海の関係を包括的に解説する 1 冊.

● 5 章

エネルギー総合工学研究所編著（2021）図解でわかるカーボンニュートラル——脱炭素を実現するクリーンエネルギーシステム，技術評論社.
　　エネルギーや電力システムの俯瞰的観点から水素や二酸化炭素除去といった個別の技術の詳細まで図を用いてわかりやすく解説した本. エネルギーを中心に俯瞰的な理解を促してくれる.

エネルギー総合工学研究所編著（2023）図解でわかる再生可能エネルギー×電力システム——脱炭素を実現するクリーンな電力需給技術，技術評論社.
　　気候変動緩和策で大きな役割を果たす再生可能エネルギーと変化する電力システムについてわかりやすく図解した本. 多岐にわたる内容に関して技術的な基礎から政策動向まで解説している.

ポール・ホーケン著，江守正多監訳，東出顕子訳（2020）DRAWDOWN ドローダ
ウン──地球温暖化を逆転させる 100 の方法，山と渓谷社.

> 米国の環境活動家であり起業家でもある編者による，100 の緩和策を削減量でラン
> キングして包括的に解説した本．農業や土地利用など日本では排出量が小さい部
> 門についても世界の文脈でわかりやすく説明している．綺麗な写真でつづられる
> 本は，膨大な緩和策に親しみを覚えるのにうってつけである.

●6 章

有村俊秀・日引 聡著（2023）入門 環境経済学 新版──脱炭素時代の課題と最適
解，中公新書.

> 環境問題を「市場の失敗」と捉える経済学の理論を用いた環境経済学を学ぶため
> に必読の良書．温暖化対策はじめ環境政策の理論的説明や動向を網羅.

ウィリアム・ノードハウス著，藤崎香里訳（2015）気候カジノ──経済学から見
た地球温暖化問題の最適解，日経 BP.

> 気候変動の経済学の貢献でノーベル賞を受賞した第一人者による経済学的視点で
> の包括的な入門書．外部性といった基礎からティッピングポイントの不確実性，
> 技術イノベーションといった先端的な内容まで原理からわかりやすく解説してい
> る.

関山 健著（2023）気候安全保障の論理──気候変動の地政学リスク，日本経済新
聞出版.

> 気候変動による悪影響により人間社会が損害を受ける事象を，安全保障の文脈で
> 捉える研究が，海外では 1990 年代から手掛けられている．本書はその研究動向の
> 最前線を踏まえつつ，日本やアジアの気候安全保障を論じた日本語では初めての
> 専門書.

三上直之（2022）気候民主主義──次世代の政治の動かし方，岩波書店.

> 欧州で広がった気候市民会議の歴史を概観し，日本における類似の試みでみられ
> た課題を指摘した上で，民主主義の下で気候変動対策における市民参加型意思決
> 定のあり方を示している.

●7 章

ポール・ホーケン著，江守正多監訳，五頭美知訳（2022）Regeneration リジェネ
レーション［再生］──気候危機を今の世代で終わらせる，山と渓谷社.

> 5 章で紹介した DRAWDOWN の続編であり，2030 年までに 50% 温室効果ガス排
> 出を削減するためには，個人や団体が何を具体的にできるのかということを述べ
> ている．「再生」には自然の再生のみならず個人の再生の意も込められている．環
> 境活動運動家の意見ではあるが，具体的なアクションを考える起点になる.

略号一覧

略号	英文	和文
AFOLU	Agriculture, Forestry and Other Land Use	農業・林業・その他土地利用部門
AR6	Sixth Assessment Report	第6次評価報告書
BC	Black Carbon	黒色炭素
BDF	Bio Diesel Fuel	バイオディーゼル燃料
BECCS	Bioenergy with Carbon Capture and Storage	CO_2回収・貯留つきバイオマスエネルギー
BEV	Battery Electric Vehicle	電気自動車
BWR	Boiling Water Reactor	沸騰水型軽水炉
CBA	Cost Benefit Analysis	費用便益分析
CCS	Carbon dioxide Capture and Storage	CO_2回収・貯留
CDR	Carbon Dioxide Removal	CO_2除去
CH_4	methane	メタン
CHP	Combined Heat and Power	熱電供給
CID	Climatic Impact Driver	気候影響駆動要因
CMIP	Coupled Model Intercomparison Project	結合モデル相互比較プロジェクト
CO_2	carbon dioxide	二酸化炭素
COP	Coefficient of Performance	成績係数
COP	Conference of the Parties	締約国会議
CRD	Climate Resilient Development	気候変動に対して強靭な開発
CSP	Concentrating Solar Power	集光型太陽発電
CSR	Corporate Social Responsibility	企業の社会的責任
DACCS	Direct Air Carbon Capture and Storage	炭素直接空気回収・貯留
ECS	Equilibrium Climate Sensitivity	平衡気候感度
EEG	Erneuerbare-Energien-Gesetz	再生可能エネルギー法（ドイツ）
EGS	Enhanced Geothermal System	地熱増産システム
EJ	Exajoule	エクサジュール（10^{18}J）
ESG	Environment, Social, Governance	環境・社会・ガバナンス
ESM	Earth System Model	地球システムモデル
ETS	Emissions Trading System	排出量取引制度
EU	European Union	欧州連合
FAO	Food and Agriculture Organization of the United Nations	国連食糧農業機関
FCV	Fuel-Cell Vehicle	燃料電池車
FFI	Fossil Fuel and Industry	化石燃料と産業
FIP	Feed-In Premium	フィードインプレミアム
FIT	Feed-In Tariff	固定価格買取

略号	英文	和文
GCM	General Circulation Model / Global Climate Model	大気大循環モデル / 全球気候モデル
GDP	Gross Domestic Product	国内総生産
GHG(s)	Greenhouse Gas(es)	温室効果ガス
GJ	Gigajoule	ギガジュール（10^9J）
GSSP	Global Boundary Stratotype Section and Point	国際標準模式地
GTP	Global Temperature-change Potential	地球気温変化ポテンシャル
GWP	Global Warming Potential	地球温暖化ポテンシャル
HEV	Hybrid Electric Vehicle	ハイブリッド車
HFC	HydroFluoroCarbons	ハイドロフルオロカーボン類
IAM	Integrated Assessment Model	統合評価モデル
IAV	Impact, Adaptation and Vulnerability	影響・適応・脆弱性
ICAO	International Civil Aviation Organization	国際民間航空機関
ICLEI	International Council for Local Environmental Initiatives	イクレイー持続可能な都市と地域をめざす自治体協議会
IEA	International Energy Agency	国際エネルギー機関
IGBP	International Geosphere-Biosphere Programme	地球圏・生物圏国際共同研究計画
IGY	International Geophysical Year	国際地球観測年
IMO	International Maritime Organization	国際海事機関
IMP	Illustrative Mitigation Pathway	例示的排出削減経路
IPBES	Intergovernmental Science-Policy Platform on Biodiversity and Ecosystem Services	生物多様性および生態系サービスに関する政府間科学－政策プラットフォーム
IPCC	Intergovernmental Panel on Climate Change	気候変動に関する政府間パネル
IRA	Inflation Reduction Act	インフレ抑制法（アメリカ）
ISIMIP	The Inter-Sectoral Impact Model Intercomparison Project	セクター横断影響モデル相互比較プロジェクト
ISSB	International Sustainability Standards Board	国際サスティナビリティ基準審議会
IUGS	International Union of Geological Sciences	国際地質科学連合
LCA	Life Cycle Assessment	ライフサイクル評価
LDV	Light Duty Vehicle	軽量乗用車
LLGHG	Long-lived Greenhouse Gas	長寿命温室効果ガス
LNG	Liquefied Natural Gas	液化天然ガス
LULUCF	Land Use, Land-Use Change and Forestry	土地利用，土地利用変化および林業
MDGs	Millennium Development Goals	ミレニアム開発目標

略号	英文	和文
MHWs	Marine HeatWaves	海洋熱波
MJ	Megajoule	メガジュール（10^6J）
MLP	Multi-Level Perspective	重層的視座
N₂O	dinitrogen monoxide	一酸化二窒素
NASA	National Aeronautics and Space Administration	アメリカ航空宇宙局
NDC(s)	Nationally Determined Contribution(s)	各国の自主的排出削減目標
NEDO	New Energy and Industrial Technology Development Organization	新エネルギー・産業技術総合開発機構
NF₃	nitrogen trifluoride	三フッ化窒素
NOAA	National Oceanic and Atmospheric Administration	アメリカ大気海洋庁
NWP	Numerical Weather Prediction	数値天気予報
PFC	PerFluoroCarbons	パーフルオロカーボン類
PHEV	Plug-in Hybrid Electric Vehicle	プラグインハイブリッド車
PWR	Pressurized Water Reactor	加圧水型軽水炉
RCB	Remaining Carbon Budget	残余カーボンバジェット
RCP(s)	Representative Concentration Pathway(s)	代表的濃度経路
RPS	Renewable Portfolio Standard	再生可能エネルギー利用割合基準
SAF	Sustainable Aviation Fuel	持続可能な航空燃料
SCC	Social Cost of Carbon	炭素の社会的費用
SDGs	Sustainable Development Goals	持続可能な開発目標
SF₆	sulfur hexafluoride	六フッ化硫黄
SLCF(s)	Short-lived Climate Forcer(s)	短寿命気候強制因子
SPM	Summary for Policymakers	政策決定者向け要約
SRES	Special Report on Emissions Scenarios	排出シナリオに関する特別報告書
SRM	Solar Radiation Modification	太陽放射改変
SSP(s)	Shared Socio-economic Pathway(s)	共通社会経済経路
SST	Sea Surface Temperature	海面水温
TCFD	Task force on Climate-related Financial Disclosures	気候関連財務情報開示タスクフォース
TCRE	Transient Climate Response to Cumulative Emissions	累積排出に対する過渡気候応答
TRT	Top pressure Recovery Turbine	高炉炉頂圧発電
UNDRR	United Nations office for Disaster Risk Reduction	国連防災機関
UNEP	United Nations Environment Programme	国連環境計画
UNFCCC	United Nations Framework Convention on Climate Change	国連気候変動枠組条約
WCRP	World Climate Research Programme	世界気候研究計画

略号	英文	和文
WEF	World Economic Forum	世界経済フォーラム
WG Ⅰ～Ⅲ	Working Group Ⅰ～Ⅲ	第1～3作業部会
WMO	World Meteorological Organization	世界気象機関
WTO	World Trade Organization	世界貿易機関
ZEB	Zero Energy Building	ゼロエネルギービルディング
ZEH	Zero Energy House	ゼロエネルギーハウス
ZEV	Zero Emission Vehicle	ゼロ排出車

索引

執筆者一覧，執筆分担

編集代表

沖 大幹（東京大学大学院工学系研究科教授）　　　　はじめに，1.1 ～ 1.4 節

編集委員（五十音順）

江守正多（東京大学未来ビジョン研究センター教授）　コラム 1.1，コラム 1.4，コラム 5.1，
　　　　　　　　　　　　　　　　　　　　　　　　7 章

亀山康子（東京大学大学院新領域創成科学研究科教授）　6.3 節

佐藤 仁（東京大学東洋文化研究所教授）　　　　　　6.4 節

杉山昌広（東京大学未来ビジョン研究センター教授）　コラム 1.2，コラム 1.3，2.3 節，
　　　　　　　　　　　　　　　　　　　　　　　　5.1 ～ 5.6 節，コラム 5.2，コラム 5.3，
　　　　　　　　　　　　　　　　　　　　　　　　6.2 節，コラム 6.1

瀬川浩司（東京大学大学院総合文化研究科教授）　　5.1 ～ 5.6 節，コラム 5.2

羽角博康（東京大学大気海洋研究所教授）　　　　　2.1 節，2.2 節

芳村 圭（東京大学生産技術研究所教授）　　　　　4.1 節，コラム 4.1

渡部雅浩（東京大学大気海洋研究所教授）　　　　　3.1 節，3.2.1 項，3.3 節

執筆者（五十音順）

朝山慎一郎（国立環境研究所主任研究員）　　　　　コラム 1.2

伊藤進一（東京大学大気海洋研究所教授）　　　　　4.2.3 項

額定其労（東京大学東洋文化研究所准教授）　　　　6.4 節，コラム 6.2

岡 顕（東京大学大気海洋研究所准教授）　　　　　3.5 節

河宮未知生（海洋研究開発機構 CEMA センター長／
　　東北大学-JAMSTEC WPI-AIMEC 教授）　　　　コラム 3.1，3.6 節

木野佳音（東京大学大学院工学系研究科助教）　　　1.5 節，コラム 1.5

倉持 壮（独・NewClimate Institute 主任研究員）　　6.2 節

小坂 優（東京大学先端科学技術研究センター准教授）　3.4 節

小西祥子（東京大学大学院医学系研究科准教授）　　4.2.4 項

城山英明（東京大学大学院法学政治学研究科教授）　コラム 6.1

鈴木健太郎（東京大学大気海洋研究所教授）　　　　3.2.3 項，コラム 3.2

瀧本 岳（東京大学大学院農学生命科学研究科教授）　　　4.2.2 項

成田大樹（東京大学大学院総合文化研究科教授）　　　6.1 節

藤森真一郎（京都大学大学院工学研究科教授）　　　3.2.2 項，コラム 3.3

三上直之（名古屋大学大学院環境学研究科教授）　　　コラム 6.3

村山顕人（東京大学大学院工学系研究科教授）　　　4.2.5 項

森田健太郎（東京大学大気海洋研究所教授）　　　4.2.3 項

山崎 大（東京大学生産技術研究所准教授）　　　4.2.1 項

気候変動と社会——基礎から学ぶ地球温暖化問題

2024 年 7 月 26 日　初　版

［検印廃止］

編　者　東京大学 気候と社会連携研究機構

発行所　一般財団法人 東京大学出版会

　　　　代表者　吉見俊哉

　　　　153-0041 東京都目黒区駒場 4-5-29
　　　　電話 03-6407-1069　Fax 03-6407-1991
　　　　振替 00160-6-59964

組　版　有限会社プログレス
印刷所　株式会社ヒライ
製本所　誠製本株式会社

日本地球惑星科学連合 編
地球・惑星・生命　　　　　　　　　　　　四六判/288 頁/2300 円

近藤純正
身近な気象のふしぎ　　　　　　　　　　　A5 判/196 頁/3100 円

安成哲三
地球気候学　システムとしての気候の変動・変化・進化　　A5 判/242 頁/3400 円

小宮山 宏・武内和彦・住 明正・花木啓祐・三村信男 編
気候変動と低炭素社会　サステイナビリティ学 2　　A5 判/192 頁/2400 円

竹本和彦 編
環境政策論講義　SDGs 達成に向けて　　　　A5 判/260 頁/2600 円

ここに表示された価格は本体価格です．ご購入の
際には消費税が加算されますのでご了承下さい．